ZEITSCHRIFT FÜR ANGEWANDTE GEOLOGIE

HERAUSGEGEBEN VON
DER STAATLICHEN GEOLOGISCHEN KOMMISSION
UND DER ZENTRALEN VORRATSKOMMISSION
DER DEUTSCHEN DEMOKRATISCHEN REPUBLIK

AUS DEM INHALT

AKADEMIE-VERLAG · BERLIN

BAND 8 / HEFT 5
MAI 1962
SEITE 225–280

Die ZEITSCHRIFT FÜR ANGEWANDTE GEOLOGIE berichtet ständig über folgende Arbeitsgebiete: Geologische Grundlagenforschung und Lagerstättenforschung / Methodik der geologischen Erkundung / Ökonomie und Planung der geologischen Erkundung / Technik der geologischen Erkundung / Geologie und Lagerstättenkunde im Ausland. In der Zeitschrift können alle strittigen Fragen der praktischen Geologie behandelt werden. Die Autoren übernehmen für ihre Aufsätze die übliche Verantwortung.

ZEITSCHRIFT FÜR ANGEWANDTE GEOLOGIE

KOLLEKTIVE CHEFREDAKTION

Dr. K. KAUTER (Redaktionssekretär)
Dr. F. STAMMBERGER
Dr. G. TISCHENDORF
Dipl.-Berging.-Geol. G. ZINDLER

BAND 8 · MAI 1962 · HEFT 5

Unser 1. Mai

Wir Deutschen in der Deutschen Demokratischen Republik feiern den 1. Mai 1962 an der Seite der Sowjetunion, die den Kommunismus aufbaut, und in Freundschaft verbunden mit allen Völkern des sozialistischen Lagers. Wir feiern diesen Tag in Gemeinschaft mit allen Menschen, die für Fortschritt, soziale Gerechtigkeit und Frieden eintreten.

Neben dieser allgemeingültigen Zielsetzung trägt unser 1. Mai 1962 auch wesentliche Züge, die von den Gegenwartsaufgaben des deutschen Volkes geprägt sind, wobei wir stellvertretend für das ganze deutsche Volk stehen und entschieden das Neue bewahren und vielseitig entwickeln, das Alte und Überlebte aber ein für allemal beiseite räumen.

In dieser Sicht bedeutet für uns der Abschluß eines deutschen Friedensvertrages nicht allein den völkerrechtlichen Abschluß des bereits vor 17 Jahren beendeten Krieges, er rechtfertigt vielmehr auch den Friedenskampf aller Deutschen in Ost und West. Der Friedensvertrag wird dem kriegslüsternen Treiben westdeutscher Politiker ein entschiedenes „Halt!" entgegensetzen und ist somit eine solide Grundlage für die Annäherung der beiden auf deutschem Boden entstandenen Staaten.

Es muß als Ausdruck des vorbildlichen politischen Bewußtseins gewertet werden, daß unsere arbeitenden Menschen durch außerordentliche Leistungen in der Produktion die Voraussetzungen für einen solchen Friedensvertrag schaffen. Das Produktionsaufgebot aber ist nicht allein Sache der Arbeiter. In einer für alle Mitmenschen sichtbaren Form vereinen sich hier Arbeiter, Bauern und Intellektuelle zu einer gemeinsamen, friedlichen Tat, zur Verbesserung der Produktion und damit zur Verbesserung der Lebensverhältnisse.

Diese Zusammengehörigkeit von Arbeitern und fortschrittlichen Intellektuellen ist wesentlich und ursächlich. Wenn bei Maifeiern in früheren Jahrzehnten vielleicht nur einzelne Wissenschaftler spontan und gefühlsmäßig auf die Seite der Arbeiter traten, so wurde ihre Zahl mit wachsender Einsicht in die Gesetzmäßigkeiten der Entwicklung der menschlichen Gesellschaft immer größer.

In unserem Staat steht heute die Intelligenz überzeugt an der Seite der Arbeiterklasse. Gemeinsam kämpfend haben sie das Alte überwunden; gemeinsam bauen sie heute den Sozialismus in der Deutschen Demokratischen Republik auf; gemeinsam — in Ost und West — werden sie den das Leben gefährdenden Militarismus in Westdeutschland besiegen.

Welch weiter Weg zurückgelegt ist, spiegelt sich in den Feiern zum 1. Mai wider. 1856 beschlossen erstmalig australische Arbeiter einen Tag völliger Arbeitsruhe zum Erlangen des achtstündigen Arbeitstages. 30 Jahre später, 1886, griffen die Arbeiter Amerikas diesen Gedanken auf und bestimmten den 1. Mai zum einmaligen Kampftag. 1890 wurde dieser Tag bereits von der Arbeiterschaft aller Kontinente demonstrativ gefeiert. Von diesem Zeitpunkt ab war dieser Feiertag zu einem festen Bestandteil im Leben eines jeden Volkes geworden.

So wurde der 1. Mai zum Symbol der internationalen Verbundenheit aller arbeitenden Menschen, aber auch zum Prüfstein für den Kampf der Klasse und schließlich zum Wahrzeichen des Sieges in den Ländern des Sozialismus.

Wir in Deutschland haben den gleichen Weg zurückgelegt. Und auch heute geht es um die Verwirklichung der alten Losungen der Arbeiterschaft: Sozialismus und Frieden. In unserem Staat sind die Grundlagen für beide geschaffen. Unsere Tätigkeit zielt darauf ab, dem ganzen deutschen Volk nicht allein den Frieden heute zu erhalten, sondern ihn für alle künftigen Zeiten zu sichern. Dann erst können sich alle jene edlen Kräfte der Menschen frei und tausendfältig entwickeln in dem Streben, das unsere großen Denker und Dichter in dem Wort „Humanismus" zusammengefaßt haben. Zu diesen erhabenen Zielen führt der Weg über unseren 1. Mai.

Geologisch-hydraulische Betrachtung der Wasserdurchlässigkeit von Lockergesteinsgrundwasserleitern [1]

JOHANNES ZIESCHANG, Berlin

(Mitteilung aus dem Zentralen Geologischen Institut, Berlin)

Mit dieser Veröffentlichung begrüßt die Redaktion der Zeitschrift für angewandte Geologie die 9. Jahrestagung der Geologischen Gesellschaft in der DDR.

Die Wasserdurchlässigkeit von Lockergesteinen ist definiert durch den Durchlässigkeitsbeiwert k_f in der Durchflußgleichung nach DARCY

$$Q = k_f \cdot I \cdot F \quad (1)$$

Dabei bedeuten:

Q = Durchflußmenge in m^3/s
k_f = Durchlässigkeitsbeiwert in m/s
I = Grundwassergefälle
F = Durchflußfläche in m^2

Der Durchlässigkeitsbeiwert und das Grundwassergefälle bestimmen die Durchgangs- oder Filtergeschwindigkeit.

$$v = k_f \cdot I \quad (2)$$

$$v = \frac{Q}{F} \quad (3)$$

Danach ist der Durchlässigkeitsbeiwert die Durchgangsgeschwindigkeit, geteilt durch das Grundwassergefälle.

$$k_f = \frac{v}{I} \quad (4)$$

Über den Durchlässigkeitsbeiwert k_f ist berechtigterweise schon sehr viel veröffentlicht worden. Daher kennt man u. a. auch die verschiedensten Verfahren zur Ermittlung und Berechnung des k_f-Wertes. FAHMY unterscheidet zwei Hauptgruppen:

a) direkte Messungen
   a_1) Laborversuche mit gestörten und ungestörten Proben
   a_2) Feldversuche (Pumpversuche, Durchflußbeobachtungen)
b) indirekte Messungen
   wie die Berechnung des k_f-Wertes anhand von Korngrößen- oder Porengehaltsbestimmungen

Gegenwärtig kann festgestellt werden, daß der k_f-Wert bei grundwasserwirtschaftlichen Betrachtungen immer mehr zur Anwendung gelangt. In vielen Ergebnisberichten, Gutachten oder Projekten findet man heute eine Unzahl von k_f-Werten, die durch die verschiedensten Verfahren ermittelt wurden und meist kritiklos einander gegenübergestellt werden. Bei Anwendung von beispielsweise zwei verschiedenen Verfahren errechnet man für den gleichen Geländepunkt häufig zwei grundlegend verschiedene k_f-Werte. Dann ist in jedem Fall zu untersuchen, ob Fehler vorliegen oder ob andere Ursachen diesen Unterschied herbeigeführt haben.

Bevor jedoch untersucht wird, wo Fehler auftreten können oder inwieweit andere Ursachen eine Differenz bewirken, ist festzustellen, mit welcher Genauigkeit der k_f-Wert ermittelt werden muß. Für die Benutzung von k_f gibt es nämlich verschiedene Möglichkeiten, die sich dadurch unterscheiden, daß auf Grund praktischer Erfordernisse unterschiedliche Genauigkeitsansprüche erhoben werden. Es ist in der Praxis allgemein üblich, Berechnungen nur bis zur geforderten Genauigkeit durchzuführen. Das gilt auch für den k_f-Wert.

Für die Berechnung der Höchstbelastung von Brunnen wird der k_f-Wert der auszubauenden Schicht benötigt. Nach TRUELSEN rechnet man beim Brunnenausbau, um vorzeitige Versandung oder Verockerung zu vermeiden, mit einer Sicherheit von 100%. Da sich diese Sicherheit durch das Ausspülen des Feinkorns beim Entsanden noch wesentlich erhöht, genügt zur Bestimmung von k_f im allgemeinen ein Verfahren mit Fehlermöglichkeiten bis $\pm$ 50%. Das vom Verf. vorgeschlagene erweiterte empirische Verfahren nach HAZEN (ZIESCHANG 1961) für gleichförmige sandige Lockergesteine entspricht dieser Toleranz.

Eine ähnlich große oder noch größere Toleranz kann zur Zeit noch bei der Bestimmung des Grundwasserzuflusses zu Tagebauneuaufschlüssen beobachtet werden.

Dagegen ist man bei den Vorarbeiten für die Projektierung von Wasserwerken bestrebt, den ständig gewinnbaren Grundwasserdurchfluß — also die Vorräte des natürlichen Grundwasserdargebotes — recht genau zu bestimmen. Das ist im Interesse einer modernen Grundwasserwirtschaft sogar eine berechtigte Forderung. Darum gilt es, die bestehenden wirtschaftlich tragbaren Verfahren zur Bestimmung von k_f auf ihre Fehlergrenzen hin zu überprüfen und die geeigneten Methoden in ihren Anwendungsbereichen zu fixieren.

Bei der Ermittlung und Benutzung von k_f muß grundsätzlich beachtet werden, daß dieser Wert keine Konstante ist, sondern von verschiedenen Faktoren beeinflußt wird. Zwei Faktoren sind bereits in DIN 4049 bei der Definition des Durchlässigkeitsgrundwertes k_f 10° (m/s) berücksichtigt: Der Durchlässigkeitsgrundwert ist der Durchlässigkeitsbeiwert, auf destilliertes Wasser von 10 °C bezogen. Daraus ist erkennbar, daß der k_f-Wert sowohl vom Chemismus als auch von der Temperatur des Grundwassers abhängig ist.

In chemischer Hinsicht ist zu beachten, daß die vom Mineralgehalt abhängige Dichte des Grundwassers dessen kinematische Zähigkeit und damit den k_f-Wert bei sonst gleichen Bedingungen ändert. Der Chemismus des Grundwassers spielt jedoch bei der quantitativen Untersuchung der in unseren Breiten durch Wasserwerke zu fördernden süßen Grundwässer keine Rolle und kann für die nachfolgenden Untersuchungen außer acht gelassen werden. Erst bei höheren Salzkonzentrationen wird sich der k_f-Wert um wenige Prozente ändern.

Einen viel größeren Einfluß übt die Temperatur des Grundwassers auf den k_f-Wert aus. In dem uns interessierenden Bereich der Temperaturschwankungen von + 5 °C bis + 30 °C ändert sich der k_f-Wert bei einem Grad Temperaturunterschied schon um knapp 3%. Bei Bekanntgabe oder bei Anwendung von k_f-Werten sollte daher stets ein Temperaturhinweis vorhanden sein. Die beste Verständigung und Vergleichsmöglichkeit ist durch die Bekanntgabe des Durchlässigkeitsgrundwertes k_f 10°, im folgenden kurz k_{10} genannt, gegeben.

[1]) Eingang des Manuskripts in der Redaktion: 5. 2. 1962.

Die Umrechnung erfolgt durch die Gleichung

$$k_{10} = c \cdot k_t \tag{5}$$

Dabei bedeuten:

c = Umrechnungsfaktor (nach POISSEUILLE)

$$c = \frac{1,359}{1 + 0,0337 \cdot t + 0,00022 \cdot t^2} \tag{6}$$

k_t = Durchlässigkeitsbeiwert, ermittelt bei t °C Wassertemperatur (Versuchstemperatur)

t = Versuchstemperatur in °C

Die Umrechnungsfaktoren für die am häufigsten auftretenden Temperaturen können dem Nomogramm Abb. 1 entnommen werden.

Eine weitere bedeutende Beeinflussung kann der k_f-Wert unter sonst gleichbleibenden Bedingungen durch das Grundwassergefälle I erfahren. Die dabei wirksamen Gesetzmäßigkeiten sind uns bisher jedoch nur teilweise bekannt. U. a. hat besonders SCHNEIDER die Zusammenhänge zwischen k_f und I aufzudecken versucht. Wie jedoch im folgenden noch gezeigt wird, dürften die meisten der von SCHNEIDER (1952) angeführten THIEM-Pumpversuchs-k_f-Werte in den mit großen Ungenauigkeiten behafteten Bereichen ermittelt worden sein. Eine eindeutige Einschätzung ist nicht möglich, da Einzelheiten über die Versuchsdurchführung unbekannt sind. Somit kann festgestellt werden, daß genauere Beobachtungen der Veränderlichkeit von k_f bei kleinem Grundwassergefälle etwa unterhalb von 0,01 bisher kaum vorliegen, da dieser Gefällsbereich auch noch nicht durch Laborversuche überprüft worden ist (nur mit größerem Aufwand durchführbar). Der Gefällsbereich über 0,01 ist dagegen von verschiedenen Bearbeitern (vor allem ZUNKER, KING) durch Laborversuche überprüft worden. Dabei hat sich ergeben, daß der k_f-Wert im Bereich über dem kritischen Gefälle nach ZUNKER (Abb. 2) mit zunehmendem Gefälle kleiner, im Bereich unter dem kritischen Gefälle nach ZUNKER, wo die Durchflußgleichung nach DARCY Gültigkeit besitzt, mit zunehmendem Gefälle größer wird oder konstant bleibt. Nur SCHNEIDER spricht von einem starken Wechsel von Zu- und Abnahme des k_f-Wertes zwischen einem Gefälle von angenähert 0,003 und 0,02 sowie von zunehmenden k_f-Werten mit abnehmendem Gefälle unterhalb von I = 0,003. Diese Aussagen können jedoch keinesfalls als bewiesen gelten. Nach Untersuchungen des Verf. hat es eher den Anschein, als vergrößerten sich die k_f-Werte auch im Bereich unterhalb von I = 0,02 mit zunehmendem Gefälle. Bevor jedoch die Inkonstanz von k_f in Abhängigkeit vom Grundwassergefälle in dem für die Praxis der Grundwassermengen-

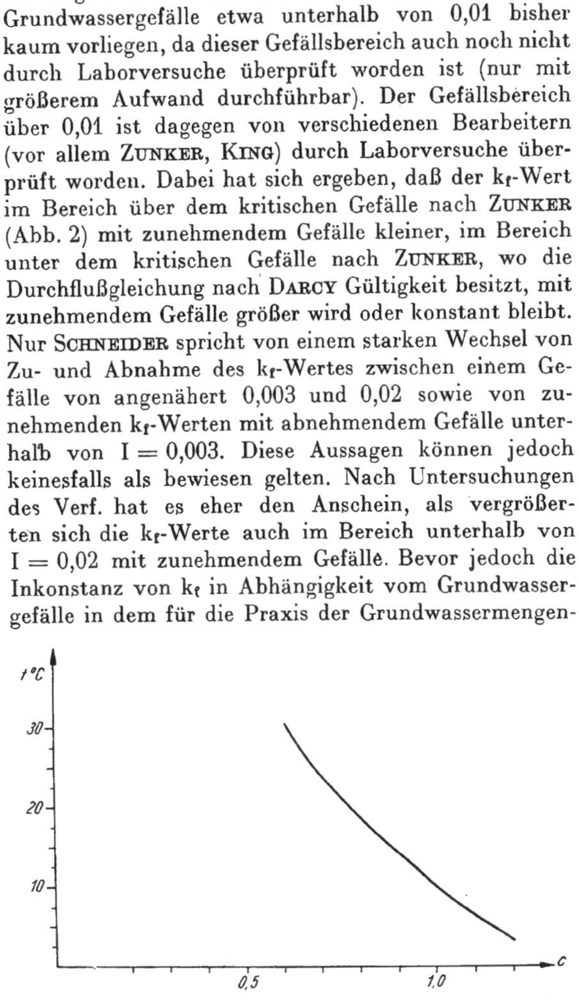

Abb. 1. Nomogramm zur Bestimmung von c in der Gleichung (5) zur Berechnung des Durchlässigkeitsgrundwertes

berechnung wichtigen Bereich, d. h. im Bereich der Gültigkeit der Durchflußgleichung nach DARCY, näher untersucht werden soll, ist es notwendig, die dazu brauchbaren Verfahren zur Berechnung von k_f zu bestimmen. Es ist also notwendig, alle bekannten Verfahren sowohl in ihrer theoretischen Grundlage als auch in ihrer praktischen Anwendung zu analysieren. Es muß eine Untersuchung sein, die die Gesetze der Wasserbewegung und die Art des geologischen Aufbaues der Grundwasser-

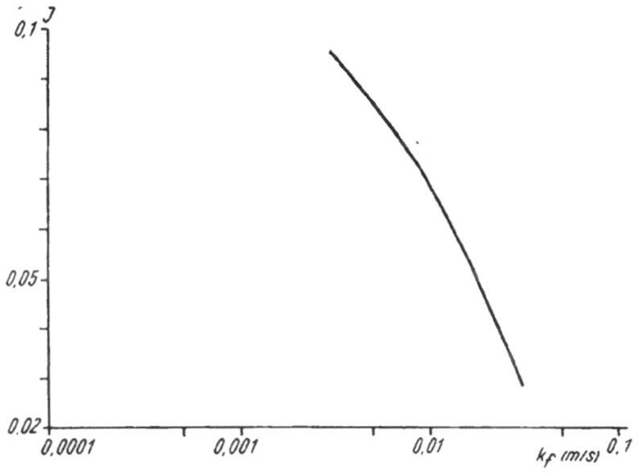

Abb. 2. Kurve des kritischen Gefälles nach ZUNKER

leiter gleichrangig und komplex beachtet. Um den Umfang einer solchen Untersuchung von vornherein zu beschränken, muß festgestellt werden, daß nur die unter natürlichen Bedingungen ablaufenden Verfahren, also die Feldversuchsverfahren, für die Überprüfung der Inkonstanz von k_f in Frage kommen. Alle indirekten Meßverfahren und auch die Laborversuche besitzen zur Zeit noch nicht die für diese Zwecke zu fordernde Genauigkeit im entscheidenden Gefällsbereich etwa unterhalb von 0,01. Sie können nur parallel mitgeführt werden, um später verschiedene Verfahren untereinander in lückenlosen Reihen zu vergleichen und abzustimmen. Erst danach ist eine wesentliche Verbesserung der indirekten Meß- und der vereinfachten Feldverfahren durchführbar.

Innerhalb der Gruppe der Feldversuchsverfahren dominieren in der Praxis der Lockergesteinsuntersuchung die Pumpversuchsverfahren. Das am meisten in der Praxis benutzte Pumpversuchsverfahren ist das Verfahren nach THIEM; es ist gegenüber dem weniger gebräuchlichen Verfahren nach SMREKER sowohl im Versuch als auch in der Auswertung weniger aufwendig. Schon aus diesem Grunde muß man dem Verfahren nach THIEM den Vorzug geben. Daneben gibt es zur Bestimmung von k_f noch eine ganze Reihe von vereinfachten Pumpversuchsverfahren, die wohl einen geringeren Versuchsaufwand zeigen, dadurch aber gezwungen werden, bei der Auswertung empirische Größen oder die Reichweite R zu benutzen.

Die empirischen Größen können einmal Schätzwerte sein, dann ist das Verfahren mit größeren Ungenauigkeiten behaftet, oder sie wurden aus einem aufwendigen Dauerpumpversuch, in den meisten Fällen nach der Methode von THIEM bzw. nach der Brunnengleichung, ermittelt. Auch diese Verfahren sind mit größeren Ungenauigkeiten behaftet, wenn bei der Versuchsdurchführung nicht die im folgenden noch zu bezeichnenden Einschränkungen zum Verfahren nach THIEM berücksichtigt wurden.

Diejenigen Verfahren, die mit der Reichweite R rechnen, sind ebenfalls mit größeren Ungenauigkeiten behaftet. Die Reichweite R ist nämlich keine eindeutige Größe. Sie ist, wenn der Pumpversuch im Grundwasserstrom durchgeführt wird, nach allen Richtungen verschieden groß. Wenn der Pumpversuch aber im gefällslosen Bereich (praktisch nicht gegeben) durchgeführt würde, müßte R theoretisch unendlich groß sein. Gerade die Komplikationen, die sich durch die schwierig erfaßbare Größe R ergeben, haben THIEM veranlaßt, das nach ihm benannte Feldverfahren einzuführen.

Alle Verfahren, die R oder andere empirische Werte benutzen, sind also unbrauchbar, wenn es wie im vorstehenden Falle darum geht, die k_f-Wert-Ermittlung möglichst genau durchzuführen und gleichzeitig die Inkonstanz von k_f bei Veränderung des Gefälles zu berücksichtigen.

Neben den Pumpversuchsverfahren sind vereinzelt noch Durchflußbeobachtungen zur Ermittlung von k_f in Lockergesteinen herangezogen worden. Um den Durchfluß beobachten zu können, müssen dem Grundwasser bestimmte Fremdstoffe zugeführt werden, die sich nach einer gewissen Beobachtungszeit auch bei großer Verdünnung wieder nachweisen lassen (Salze, Farben, Mikroorganismen, radioaktive Substanzen). Während bei der Messung mittels radioaktiver Substanzen nur ein Beobachtungspunkt benötigt wird (MILDE), sind bei sonstigen Messungen mindestens zwei Beobachtungspunkte notwendig; der Versuchsaufwand ist

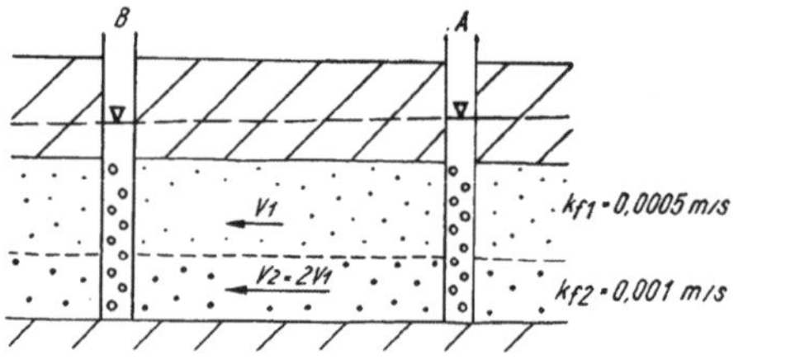

Abb. 3. Schnitt durch einen zweigeschichteten Grundwasserleiter

also bei letzteren größer. Eine weitere Einschätzung der Brauchbarkeit dieser Verfahren ist nur möglich, wenn die natürlichen Lagerungsverhältnisse in den Grundwasserleitern in Verbindung mit den Strömungsverhältnissen analysiert werden.

Bereits bei einer Grobbetrachtung der verschiedenen Lockergesteinsgrundwasserleiter fällt auf, daß der Kornaufbau sowohl in der vertikalen als auch der horizontalen Erstreckung stets Schwankungen aufweist. Wenn man auch annimmt, was einem Idealfall nahekommt, daß der Kornaufbau in der horizontalen Erstreckung konstant bleibt, sind die Schwankungen in der vertikalen Erstreckung für sich schon so groß, daß bei den gleichförmigsten Grundwasserleitern Fehlermöglichkeiten von $\pm 50\%$ bestehen, wenn der k_f-Wert mit Durchflußbeobachtungen bestimmt wird. Nach praktischen Erfahrungen kann eingeschätzt werden, daß auch die gleichförmigsten Grundwasserleiter — bestehend aus Mittel- und Feinsanden — im allgemeinen noch so ungleichförmig geschichtet sind, daß sich die k_f-Werte der einzelnen Schichten mindestens wie 1:2 verhalten. Innerhalb von grobsandig-kiesigen Grundwasserleitern kann dieses Verhältnis häufig über 1:10 betragen. Abb. 3 zeigt einen idealisierten zweigeschichteten Grundwasserleiter mit einem Unterschied der k_f-Werte von 1:2. Zumindest im Bereich der kleinen natürlichen Grundwassergefälle ist damit zu rechnen, daß das Grundwassergefälle auf der ganzen Durchflußhöhe in gleicher Größe wirksam ist. Dann ist ein gleichmäßiges Strömen des Grundwassers vorhanden, und die Grundwassergeschwindigkeit ist in der durchlässigeren Schicht (Schicht 2) doppelt so groß wie in Schicht 1. Wird in einem solchen Falle eine Durchflußbeobachtung in der Weise vorgenommen, daß in das Bohrloch A z. B. ein Farbstoff eingeführt wird und im Bohrloch B die Beobachtung erfolgt, dann mißt man unter der Voraussetzung idealer zweigeschichteter Verhältnisse im günstigsten Falle die Grundwassergeschwindigkeit v_2.

Allein auf Grund dieser Ergebnisse kann den Verfahren zur Bestimmung von k_f anhand von Durchflußbeobachtungen keine allzu große Genauigkeit beigemessen werden. Die Versuchsbedingungen fallen jedoch noch ungünstiger aus, wenn man berücksichtigt, daß Kreuzschichtung und linsenförmige Lagerung innerhalb der Grundwasserleiter einen heterogenen Körper schaffen, der kein gleichförmiges Strömen des Grundwassers zuläßt. Das muß auch bei der Durchführung und Auswertung von Pumpversuchsverfahren berücksichtigt werden.

Im folgenden soll nun noch das die Brunnengleichung als Grundlage benutzende k_f-Bestimmungsverfahren nach THIEM eingehend untersucht werden. Dieses Verfahren benötigt einen Pumpbrunnen und zwei Beobachtungsbrunnen, die sich auf einer Geraden zwischen dem Pumpbrunnenaußenrand (Radius r) und der Absenkungsreichweite R befinden. Durch Beobachtung der Wasserspiegelabsenkungen und der Ergiebigkeit Q läßt sich mit Hilfe der umgeformten Brunnengleichung, die sich bei gleichförmig radialem Zustrom von Grundwasser zu einem Brunnen aus der Durchflußgleichung nach DARCY ergibt, der k_f-Wert bestimmen. Die Gleichung für gespanntes Grundwasser lautet:

$$k_f = \frac{Q \cdot (\ln x_2 - \ln x_1)}{2 \cdot \pi \cdot m \cdot (s_1 - s_2)} \qquad (7)$$

Die Gleichung für freies Grundwasser lautet:

$$k_f = \frac{Q \cdot (\ln x_2 - \ln x_1)}{\pi \cdot (y_1 + y_2) \cdot (s_1 - s_2)} \qquad (8)$$

Abb. 4 erläutert alle benötigten Größen. Diese Gleichungen gelten nur dort, wo sich das Grundwasser ra-

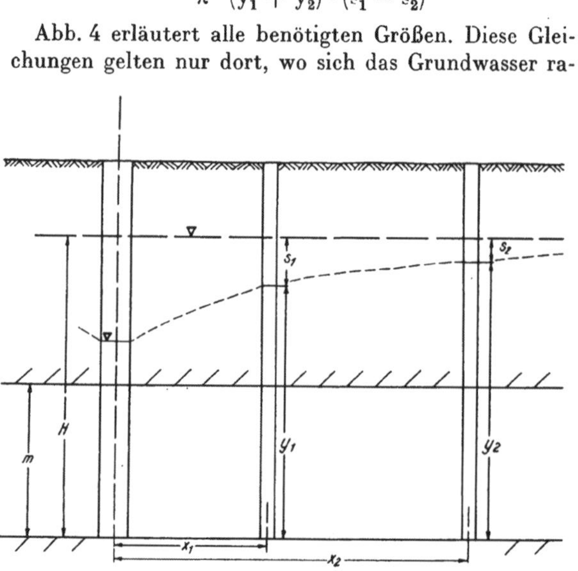

Abb. 4. Schematischer Schnitt durch den Absenkungstrichter

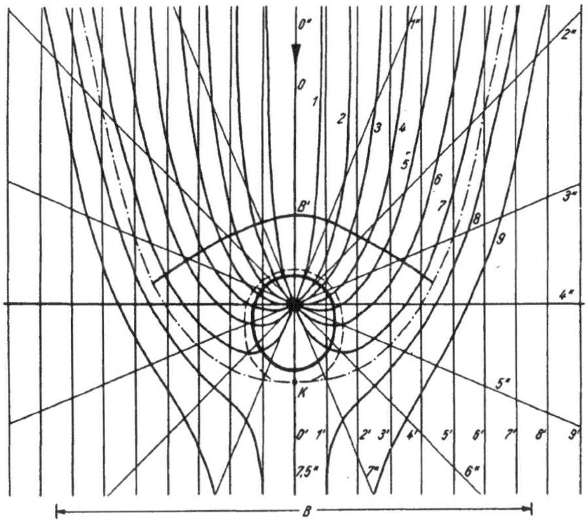

Abb. 5. Darstellung der Wasserbahnen bei einem im Grundwasserstrom angesetzten Pumpversuch

dial zum Brunnen hin bewegt. Im strömenden Grundwasser, wo die k_f-Wert-Ermittlungen meistens durchzuführen sind, ist dieser Bereich jedoch sehr klein. Abb. 5 weist ihn eindeutig aus. Die gerissene Linie, die auch durch den unteren Kulminationspunkt K verläuft, bildet die äußere Grenze des Gültigkeitsbereiches der Brunnengleichung bzw. der Gleichung für radialen Durchfluß bei gespanntem Grundwasser. (Die folgenden theoretischen Betrachtungen werden nur anhand der Gesetze für gespanntes Grundwasser geklärt, da dieser Fall der mathematisch einfachere ist.)

Entsprechend der Durchflußgleichung strömt einem Brunnen bei gespanntem Grundwasser folgende Menge zu:

$$Q = 2 \cdot \pi \cdot x \cdot m \cdot k_f \cdot I_x \qquad (9)$$

Dabei bedeuten:

Q = Grundwassermenge in m^3/s
x = Radius des Zylinders, dessen Mantel von Q radial durchströmt wird, in m
m = Mächtigkeit des Grundwasserleiters in m (= Höhe des Zylinders)
k_f = Durchlässigkeitsbeiwert in m/s
I_x = Gefälle des Grundwasserspiegels, im Abstand x m vom Brunnen

Außerhalb der äußeren Grenze des Gültigkeitsbereiches der Brunnengleichung ist das THIEMsche Verfahren nicht mehr anwendbar, da dort innerhalb der durch die strichpunktierte Linie gekennzeichneten Entnahmegrenze nur die Gleichung für den linearen Durchfluß

$$Q = k_f \cdot I \cdot H \cdot B \qquad (10)$$

Gültigkeit haben kann.

Die Durchflußbreite B', die mit zunehmender Entfernung vom Brunnen bis zur Entnahmebreite B anwächst, und das Grundwassergefälle I, das sich mit zunehmender Entfernung vom Brunnen bis auf das natürliche Grundwassergefälle verringert, sind je nach den Beobachtungspunkten unterschiedlich groß. (Die Entnahmebreite B konnte in Abb. 5 nur als Vergleichsgröße eingezeichnet werden.)

Die Form der durch die Wasserentnahme gekrümmten Wasserbahnen (0—9) in Abb. 5 wurde graphisch nach BAUDISCH ermittelt. Sie bestehen aus Elementen der gleichförmigen Grundwasserbewegung vor der Wasserentnahme (0'—9') und aus Elementen der radialen Grundwasserbewegung (0"—7,5"), die durch die Wasserentnahme erzeugt wird. Bei dieser Konstruktion entspricht die Entfernung x_0 zwischen der unteren Kulmination K und dem Brunnenstandort der theoretischen Bestimmung nach SMREKER:

$$x_0 = \frac{B}{2 \cdot \pi} \qquad (11)$$

Aus dem Bild der Wasserbahnen ergibt sich der längste Wasserweg zum Brunnen auf den beiden äußeren Bahnen (7,5"), während der kürzeste Wasserweg auf Bahn 0" liegt. Da auf allen Wasserbahnen zwischen der oberen Kulmination und dem Brunnen die gleiche Druckhöhe zur Verfügung steht, nimmt das Grundwassergefälle bei einer Zuflußbreite B' nach außen ab. Der k_f-Wert ist demnach im Bereich des linearen Zuflusses nicht ohne weiteres durch Werte aus zwei Beobachtungsbrunnen bestimmbar.

In Anbetracht dieser Situation ist das k_f-Feldverfahren mit zwei Beobachtungsbrunnen nur im Bereich des radialen Grundwasserzuflusses anzuwenden. Dieser Bereich muß nun noch näher analysiert werden. Zunächst ist zu berücksichtigen, daß die von THIEM benutzten Berechnungsgleichungen (7) und (8) das im Versuch vorhandene Grundwassergefälle nicht erkennen lassen. Bei künftigen genauen k_f-Bestimmungen ist es aber unumgänglich, neben dem k_f-Wert auch das zugehörige Grundwassergefälle bekanntzugeben. Verf. schlägt im folgenden einen anderen Weg der k_f-Wert-Berechnung vor, in der auch das zugehörige Gefälle in absoluter Größe enthalten und damit sofort erkennbar ist. Durch Integration von Gleichung (9) erhält man die allgemeine Brunnengleichung.

$$Q = 2 \cdot \pi \cdot x_2 \cdot m \cdot k_f \cdot \frac{dy}{dx} \qquad (12)$$

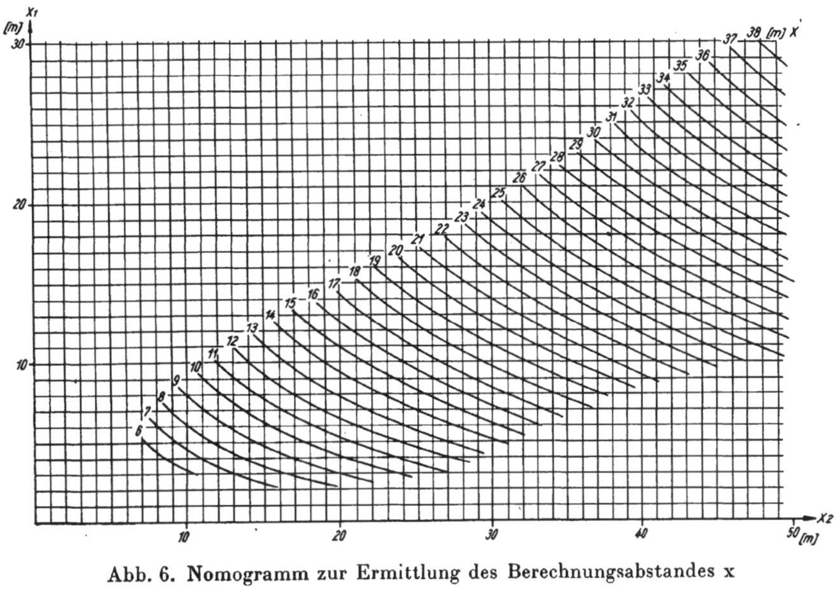

Abb. 6. Nomogramm zur Ermittlung des Berechnungsabstandes x

$$dy = \frac{Q}{2 \cdot \pi \cdot m \cdot k_f} \cdot \frac{dx}{x_2} \qquad (13)$$

$$y_2 = \frac{Q}{2 \cdot \pi \cdot m \cdot k_f} \cdot \ln x_2 + C \qquad (14)$$

Die Randbedingung für die Ermittlung von C wird festgelegt zu:

$$y_2 = y_1; \quad x_2 = x_1$$

$$C = y_1 - \frac{Q}{2 \cdot \pi \cdot m \cdot k_f} \cdot \ln x_1 \qquad (15)$$

Eingesetzt in Gleichung (14) erhält man:

$$y_2 = \frac{Q}{2 \cdot \pi \cdot m \cdot k_f} \cdot \ln x_2 + \left(y_1 - \frac{Q}{2 \cdot \pi \cdot m \cdot k_f} \cdot \ln x_1\right) \qquad (16)$$

$$y_2 = y_1 + \frac{Q}{2 \cdot \pi \cdot m \cdot k_f} \cdot \ln \frac{x_2}{x_1} \qquad (17)$$

oder

$$y_2 - y_1 = \frac{Q}{2 \cdot \pi \cdot m \cdot k_f} \cdot \ln \frac{x_2}{x_1} \qquad (18)$$

Damit man (9) und (18) vergleichen kann, müssen alle y-Werte durch I_x (= Gefälle im Punkt x zwischen x_1 und x_2) ausgedrückt werden (vgl. auch Abb. 4):

$$y_2 - y_1 = s_1 - s_2 \qquad (19)$$

$$I_x = \frac{s_1 - s_2}{x_2 - x_1} \qquad (20)$$

$$s_1 - s_2 = I_x \cdot (x_2 - x_1) \qquad (21)$$

$$y_2 - y_1 = I_x \cdot (x_2 - x_1) \qquad (22)$$

Dies eingesetzt in Gleichung (18) ergibt:

$$I_x \cdot (x_2 - x_1) = \frac{Q}{2 \cdot \pi \cdot m \cdot k_f} \cdot \ln \frac{x^2}{x_1} \qquad (23)$$

Addiert man nun nach Umstellung Gleichung (9) und (23), dann erhält man:

$$-k_f = - \frac{Q}{2 \cdot \pi \cdot m \cdot I_x} \cdot \frac{1}{x} \qquad (24)$$

$$k_f = \frac{Q}{2 \cdot \pi \cdot m \cdot I_x} \cdot \frac{\ln \frac{x_2}{x_1}}{(x_2 - x_1)} \qquad (25)$$

$$k_f - k_f = \frac{Q}{2 \cdot \pi \cdot m \cdot I_x} \cdot \frac{\ln \frac{x_2}{x_1}}{(x_2 - x_1)} - \frac{Q}{2 \cdot \pi \cdot m \cdot I_x} \cdot \frac{1}{x} \qquad (26)$$

$$\frac{Q}{2 \cdot \pi \cdot m \cdot I_x} \cdot \frac{1}{x} = \frac{Q}{2 \cdot \pi \cdot m \cdot I_x} \cdot \frac{\ln \frac{x_2}{x_1}}{(x_2 - x_1)} \qquad (27)$$

$$x = \frac{x_2 - x_1}{\ln \frac{x_2}{x_1}} \qquad (28)$$

Mit Hilfe dieser Gleichung wurde das Nomogramm zur Berechnung der x-Werte (Abb. 6) entwickelt.

Bei der Ermittlung des k_f-Wertes mittels Feldversuch durch einen Brunnen und zwei Pegel kann nun zur vereinfachten Auswertung die umgeformte Durchflußgleichung

$$k_f = \frac{Q}{2 \cdot \pi \cdot x \cdot m \cdot I_x} \qquad (29)$$

verwendet werden. Der Wert x ist mit Hilfe des Nomogramms (Abb. 6) zu ermitteln, und das dazugehörige

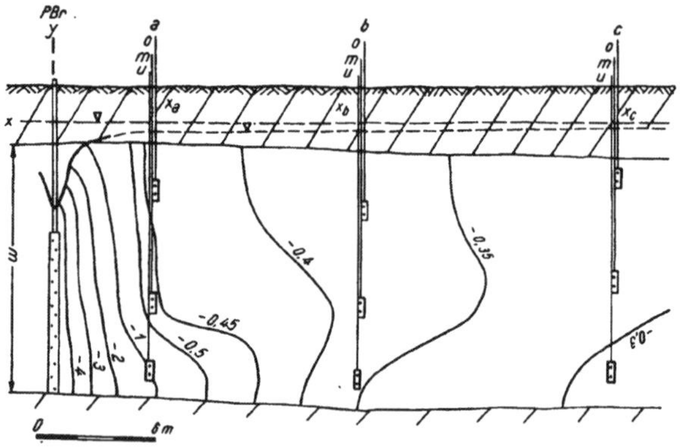

Abb. 7. Pumpversuch Torgau-West mit Potentiallinien

Grundwassergefälle erhält man bei Verwendung der Gleichung (20).

Für die Berechnung des k_f-Wertes bei freiem Grundwasser kann ebenfalls das Nomogramm (Abb. 6) Verwendung finden, und zwar unter der Annahme, daß das Grundwasser gespannt sei. Dabei ist in Gleichung (29) für die Mächtigkeit m des Grundwasserleiters die Größe H (= Abstand des Ruhegrundwasserspiegels von der wasserstauenden Sohle) einzusetzen und das Grundwassergefälle nach dem Verhältnis von s zu H zu reduzieren:

$$k_f = \frac{Q}{2 \cdot \pi \cdot x \cdot H \cdot I_x'} \qquad (30)$$

Das reduzierte Grundwassergefälle, als I_x' bezeichnet, läßt sich wie folgt bestimmen:

$$I_x' = \frac{s_1 - s_2}{x_2 - x_1} - \frac{(s_1 - s_2)}{(x_2 - x_1)} \cdot \frac{(s_1 + s_2)}{2 \cdot H} \qquad (31)$$

Beim Ansetzen des Feldversuches ist zu beachten, daß die Beobachtungsbrunnen etwa senkrecht zur natürlichen Grundwasserfließrichtung angeordnet werden, da beim Pumpversuch stets die dem mittleren Grundwassergefälle entsprechende Fördermenge gemessen wird. Das mittlere Grundwassergefälle stellt sich jedoch etwa auf Bahn 5 (Abb. 5) ein. Dem schwach gekrümmten Verlauf dieser Wasserbahn ist zur Verringerung dieses unvermeidbaren kleinen Fehlers beim Ansetzen der Beobachtungsbrunnen oder durch Aufrunden der Abstände (x) Rechnung zu tragen.

Beim Ansetzen der Beobachtungsbrunnen ist weiterhin vorrangig zu beachten, daß stets nur im Gültigkeitsbereich der radialen Durchflußgleichung gemessen wird. Beim Ansetzen von Beobachtungsbrunnen senkrecht zur natürlichen Grundwasserströmungsrichtung ist der größte Abstand zwischen Beobachtungs- und Pumpbrunnen durch die Gleichung (ermittelt durch die graphische Bestimmung der Wasserbahnen)

$$x_{max} = 0{,}1 \cdot B \qquad (32)$$

gegeben. Es ist also notwendig, vor Einrichtung des Feldversuches den mittleren k_f-Wert anhand der Korngrößenbestimmung oder auf andere Art angenähert festzulegen, die beabsichtigte größte Fördermenge vorzugeben und das natürliche Grundwassergefälle zu messen, damit die Entnahmebreite B aus der linearen Durchflußgleichung bzw. x_{max} aus Gleichung (32) errechnet werden kann. Andererseits ist aber auch der kürzeste Beobachtungsbrunnenabstand x_{min} zu beachten. Eine genaue rechnerische Bestimmung von x_{min} für die Praxis ist nicht durchführbar, da dieser Wert in erster Linie vom Aufbau des Grundwasserleiters in der Nähe des Versuchsbrunnens abhängig ist und dabei besonders Tonschluff- und sehr durchlässige Kieslagen — also Extremwerte der Durchlässigkeit — große Beeinflussung ausüben. Der Abstand x_{min} wird in den weitaus meisten Fällen mindestens 5 m, bei extrem heterogenem Schichtenbau mindestens 10 m betragen müssen. Eine Kontrolle des Gültigkeitsbereiches bezüglich x_{min} ist stets nach dem Strömungsbild und mit Hilfe des kritischen Gefälles nach ZUNKER (Abb. 2) durchzuführen. So liegt z. B. der Beobachtungsbrunnen a_u in Abb. 7 nicht mehr im Gültigkeitsbereich.

Da der Gültigkeitsbereich der radialen Durchflußgleichung, also der Bereich zwischen x_{min} und x_{max}, oft recht klein sein wird, beschränkt sich auch die Zahl der Beobachtungsbrunnen. Demzufolge und im Interesse der Einschätzung der Veränderlichkeit des Grundwasserleiters in horizontaler Erstreckung erscheint es am zweckmäßigsten, beiderseits des Pumpbrunnens je zwei Beobachtungsbrunnen anzusetzen.

Bereits oben wurde darauf hingewiesen, daß bei der Durchführung von Pumpversuchen, die Beobachtungsbrunnen mitbenutzen, besonders das ungleichförmige Strömen in heterogen aufgebauten Grundwasserleitern berücksichtigt werden muß.

Abb. 7 zeigt einen Schnitt durch eine Pumpversuchsanordnung mit einem Pumpbrunnen und drei Beobachtungsbrunnen (Pumpversuch Torgau-West). Der Grundwasserleiter besteht in der oberen Hälfte aus kiesigen Mittel- bis Grobsanden und geht mit einem wechselhaft aufgebauten Übergangsbereich in grobsandige Kiese über. Die wasserstauende Sohle der quartären Sande und Kiese besteht aus tertiärem Braunkohlenschluff. Die Grundwasserdeckfläche wird durch eine geringmächtige Geschiebelehmschicht gebildet.

Die Beobachtungsbrunnenreihe steht senkrecht zum Grundwasserstrom, dessen gespannter Grundwasserspiegel ein natürliches Gefälle von 0,002 besitzt.

Da jedes Beobachtungsbrunnenbohrloch mit drei in unterschiedlichen Teufen eingebauten Beobachtungsbrunnen besetzt wurde, konnte der in Abb. 7 gezeigte Verlauf der Linien gleicher Absenkung konstruiert werden.

Die vor dem Pumpversuch senkrecht verlaufenden Potentiallinien, nachgewiesen durch gleiche Wasserspiegellagen in den jeweils in einem Bohrloch angeordneten drei Beobachtungsbrunnen, zeigen während des Pumpversuches einen ungleichmäßig gekrümmten Verlauf. Dieses Bild gibt in demonstrativer Weise den heterogenen Aufbau des Grundwasserleiters wieder, und es ist m. E. ohne nähere Erläuterungen einleuchtend, daß diese Abweichungen im Strömen des Grundwassers während des Pumpversuchs bei der k_f-Wert-Berechnung mit berücksichtigt werden müssen, wenn eine recht genaue Bestimmung vorgenommen werden soll.

Durch die dreifache Bestückung der Beobachtungsbohrlöcher entstehen nur unerhebliche Mehrkosten, da die Ausbaumaterialien mehrmals verwendet werden können; außerdem entstehen keine zusätzlichen Bohrkosten. Der Einbau von drei Beobachtungsbrunnen je Bohrloch ist praktisch in allen Fällen durchführbar. Die Beobachtungsbrunnen sind möglichst gleichmäßig über die volle Höhe des Grundwasserleiters zu verteilen, damit die arithmetische Mittelung der unterschiedlichen Absenkungsbeträge zur Bestimmung von s_m keine allzu große Fehlerquelle darstellt, oder die Mittelung ist unter Berücksichtigung der unterschiedlichen Einbautiefen durchzuführen. Der Pumpversuch Torgau-West brachte bei einer Fördermenge von $Q = 0{,}0056\ m^3/s$ folgende Absenkungen in (m):

Bohrloch	a	b	c
oben (o)	0,44	0,37	0,32
Mitte (m)	0,45	0,39	0,33
unten (u)	1,00	0,35	0,29
Mittelwerte		0,37	0,313

Diese Mittelwerte sind zur Berechnung von I_x nach Gleichung (20) zu verwenden (die Berechnung von k_f ist mit den Werten aus b und c weiterzuführen):

$$I_x = \frac{s_{mb} - s_{mc}}{x_c - x_b} = \frac{0{,}37 - 0{,}313}{29 - 16} = 0{,}00438 \qquad (33)$$

Nun gilt es noch zu klären, welche Veränderung die Größe m der Gleichung (29) durch das heterogene Strömungsbild erfährt. Grundsätzlich muß hierbei beachtet werden, daß sich das Grundwasser stets senkrecht zur Potentiallinie bewegt. Vor Beginn des Pumpversuches bewegte sich das Grundwasser annähernd horizontal, da die Potentiallinien annähernd senkrecht verliefen. Während des Pumpversuches bewegte sich das Grundwasser jedoch ungleichförmig, es durchströmte im Berechnungsabstand x eine gekrümmte Zylinderfläche, deren im Schnitt gezeigte Linienführung (= Potentiallinie) m' größer als m ist. Die zur Berechnung des im Punkt x vorhandenen (mittleren) Gefälles I_x verwendeten Absenkungsmittelwerte s_{mb} und s_{mc} entsprechen aber der Differenz zwischen den beiden Potentiallinien, deren Schwerpunkte in x_b und x_c liegen. Demzufolge muß in Gleichung (29) anstelle von m der Wert m' eingesetzt werden. Letzteren erhält man durch Abgreifen der zwischen x_b und x_c (besser noch im Berechnungspunkt x) konstruierten Potentiallinien. Im vorliegenden Beispiel ist

$$m' = 16\,m$$

Würde man in diesem Falle weiter wie bisher mit dem Wert m (etwa 12,6 m) rechnen, so käme ein Fehler von über 25% zustande. Die veränderte Größe der Durchflußfläche ergibt in vielen Fällen größere Fehler als die ungenaue Berechnung des Gefälles bei Einbau von nur einem Beobachtungsbrunnen je Bohrloch. Im vorliegenden Beispiel ergibt sich also ein k_f-Wert von:

$$k_f = \frac{Q}{2 \cdot \pi \cdot x \cdot m' \cdot I_x}$$

$$= \frac{0{,}0056}{2 \cdot 3{,}14 \cdot 21{,}8 \cdot 16 \cdot 0{,}00438} = 0{,}000585\ m/s \qquad (34)$$

Für dieses Beispiel soll nun abschließend noch die Kontrolle durchgeführt werden, ob der Versuch im Gültigkeitsbereich der radialen Durchflußgleichung gefahren wurde. Die Berechnung von x_{max} erfolgt nach Gleichung (32), wobei B als umgestellte Gleichung (10) enthalten ist:

$$x_{max} = 0{,}1 \cdot \frac{Q}{k_f \cdot I \cdot H} = \frac{0{,}1 \cdot 0{,}0056}{0{,}000585 \cdot 0{,}002 \cdot 12{,}5} = 38{,}3\ m \qquad (35)$$

Da nach Abb. 2 auch x_{min} nicht unterschritten wurde, kann der berechnete k_f-Wert als gültig angesehen werden. Für Vergleichszwecke ist k_f noch auf k_{10} umzurechnen. Da die Versuchs-Grundwassertemperatur 9 °C betrug, ist k_{10} nach Gleichung (5):

$$k_{10} = c \cdot k_t = 1{,}025 \cdot 0{,}000585 = 0{,}0006\ m/s \qquad (36)$$

Bei ungespanntem Grundwasser ist entsprechend zu verfahren. Anstelle von H in der Gleichung (30) ist zu setzen:

$$H' = (h' + s_m) \quad (37)$$

Dabei bedeuten:

h' = Länge der Potentiallinie, deren Schwerpunkt im Berechnungsabstand x liegt,

s_m = Mittelwert aus den Absenkungen in den Punkten x_1 und x_2.

Abschließend kann also gesagt werden, daß der vom Verf. vorgeschlagene Verfahrensweg eine recht genaue k_f-Bestimmung zuläßt und von vornherein fehlerhafte Versuchsbedingungen ausschließt. Damit ist aber auch erst die Voraussetzung für eine reale Beobachtung und Messung der Veränderlichkeit von k_f in Abhängigkeit vom Grundwassergefälle geschaffen worden. Die Untersuchung dieses Problems im Bereich der kleineren Gefälle anhand von Feldversuchsergebnissen kann also erst zu einem späteren Zeitpunkt erfolgen. Auch die Frage nach dem Wirtschaftlichkeitsbereich einer solchen k_f-Bestimmung kann erst nach Analysierung der Methoden zur Berechnung der Vorräte des natürlichen Grundwasserdargebotes beantwortet werden. An dieser Stelle sei nur noch bemerkt, daß eine recht genaue Bestimmung von k_f notwendig ist, wenn der Grundwasserdurchfluß anhand der Durchflußgleichung nach DARCY (1) bestimmt werden soll, daß jedoch diese fundamentale Durchflußgleichung nicht in allen Fällen zur genauen Bestimmung der Vorräte des natürlichen Grundwasserdargebotes verwendet werden kann.

Der Vollständigkeit halber muß zum Abschluß noch ein Wort zur Bestimmung des spezifischen Wasserandranges nach TRUELSEN gesagt werden, da dieses Verfahren in letzter Zeit sehr in Mode gekommen ist. BOLLMANN (1961) vergleicht anhand eines praktischen Beispiels den durch Feldversuche aus der radialen Durchflußgleichung ermittelten k_f-Wert und den spezifischen Wasserandrang nach TRUELSEN. An diesem Beispiel soll im folgenden auch das Verfahren nach TRUELSEN grob analysiert werden, wobei vorausgesetzt wird, daß die Theorie dieses Verfahrens allgemein bekannt ist.

BOLLMANN vergleicht die nach TRUELSEN bestimmte Durchflußmenge auf einen Meter Durchflußbreite Q_1 (spezifischer Wasserandrang) mit dem Produkt aus Durchgangsgeschwindigkeit v (2) und Mächtigkeit des Grundwasserleiters H

$$Q_1 = k_f \cdot I \cdot H \quad (38)$$

$$k_f = \frac{Q_1}{I \cdot H} = \frac{0{,}0000785}{0{,}00127 \cdot 12{,}15} = 0{,}0051 \text{m/s} \quad (39)$$

Dieser Vergleich wäre richtig, wenn man annimmt, daß das Verfahren nach TRUELSEN theoretisch einwandfrei ist. Das soll im folgenden untersucht werden. (Zuvor jedoch noch eine Richtigstellung: Im Kommentar zum obengenannten Vergleich begeht BOLLMANN einen Fehler, wenn er den k_f-Wert wieder in die zum Vergleich benutzte Durchflußgleichung (1) einsetzt. Daraus ergibt sich natürlich in jedem Falle die Durchflußmenge, die gegenüber der nach TRUELSEN ermittelten Durchflußmenge nur um eine Rechenschieberungenauigkeit abweichen kann.)

Da im Augenblick nur bekannt ist, mit welcher Genauigkeit das k_f-Bestimmungsverfahren nach der radialen Durchflußgleichung arbeitet, eine derartige Analyse für das Verfahren nach TRUELSEN jedoch noch fehlt, ist man natürlich gezwungen, vom bekannteren Verfahren auszugehen. Wie der von BOLLMANN veröffentlichte Schnitt durch die TRUELSEN-Versuchsanordnung zeigt, ist der k_f-Wert mit Hilfe der radialen Durchflußgleichung auch anhand von senkrecht zur Grundwasserströmungsrichtung angeordneten Beobachtungsbrunnen ermittelt worden. Entsprechend dem obengenannten Mittelwert nach TRUELSEN, Q_1, errechnete BOLLMANN nach der radialen Durchflußgleichung ein k_f-Mittel von 0,00153 m/s. Es ist noch zu überprüfen, ob der Versuch in dem vom Verf. definierten Gültigkeitsbereich gefahren wurde. Die Berechnung von x_{max} kann nach Gleichung (35) bei Benutzung von Mittelwerten erfolgen.

$$x_{max} = 0{,}1 \cdot \frac{Q}{k_f \cdot I \cdot H}$$

$$= \frac{0{,}1 \cdot 0{,}017}{0{,}00153 \cdot 0{,}00127 \cdot 12{,}15} = 72 \text{ m} \quad (40)$$

Der Wert x_{max} ist also viel größer als der Abstand des äußeren Beobachtungsbrunnens $x_2 = 25$ m. Da auch der innere Beobachtungsbrunnen den gerade noch ausreichenden Abstand $x_1 = 5$ m aufweist, erfolgte die Versuchsdurchführung durchaus im Gültigkeitsbereich. Da der heterogene Aufbau des Grundwasserleiters weder beim Versuch noch bei der Auswertung Berücksichtigung fand, kann in diesem Falle natürlich nicht von einem recht genauen k_f-Wert die Rede sein. Auf Grund der bisherigen Darlegungen kann jedoch gesagt werden, daß in diesem Falle der mittels radialer Durchflußgleichung ermittelte k_f-Wert mit einem Fehler unter $\pm$ 50% behaftet ist. Im folgenden soll nun mit dem für die TRUELSEN-Versuchsüberprüfung denkbar günstigsten k_f-Wert von 0,0023 m/s (= 0,00153 plus 50%) weitergerechnet werden. Bei diesem k_f-Wert und bei der durch Einzelpumpversuch ermittelten Leistung Q = 0,017 m³/s (Mittelwert) sowie bei dem bereits genannten natürlichen Gefälle I = 0,00127 und der Mächtigkeit H = 12,15 m erhält man eine Zuflußbreite b (nach TRUELSEN):

$$b = \frac{Q}{k_f \cdot I \cdot H} = \frac{0{,}017}{0{,}0023 \cdot 0{,}00127 \cdot 12{,}15} = 478 \text{ m} \quad (41)$$

Weiterhin erhält man hieraus einen spezifischen Wasserandrang Q_2 von:

$$Q_2 = \frac{Q}{b} = \frac{0{,}017}{478} = 0{,}0000356 \text{ m}^3/\text{s/m} \quad (42)$$

Dieser nach der radialen Durchflußgleichung berechnete (für dieses Beispiel maximal mögliche) spezifische Wasserandrang ist aber nur knapp halb so groß wie der nach dem Verfahren nach TRUELSEN bestimmte Wert. Das Verfahren nach TRUELSEN bringt in diesem Falle viel zu große Werte. Wahrscheinlich liegt der theoretische Fehler des TRUELSEN-Verfahrens darin, daß die Gleichung

$$b = B - l \quad (43)$$

als uneingeschränkt gültig vorausgesetzt wurde. Und zwar werden sich trotz gleicher Absenkung beim Einzel- und Doppelpumpversuch nach außen unterschiedliche Absenkungsreichweiten ausbilden, zumindest für den Fall, daß b größer als l ist. Bei sich überschneidenden Absenkungstrichtern erfolgt eine Verschiebung der unteren Kulmination, die eine Vergrößerung von x_0 und damit eine Vergrößerung von B zur Folge hat.

Zusammenfassung

Verf. nennt die Methoden zur Bestimmung des Durchlässigkeitsbeiwertes k_f in Lockergesteinsgrundwasserleitern und analysiert die Verfahren zwecks Aufdeckung der Fehlergrenzen. Dabei war es auch notwendig, die den k_f-Wert beeinflussenden Faktoren zu berücksichtigen. Verf. analysiert eingehend die die radiale Durchflußgleichung benutzende k_f-Bestimmungsmethode, auf der das Feldverfahren nach THIEM aufgebaut ist. Dabei wird der Gültigkeitsbereich dieser Methode festgelegt. Zwecks genauerer Bestimmung von k_f schlägt Verf. einen abgeänderten Verfahrensweg vor, der auch den heterogenen Kornaufbau der Grundwasserleiter berücksichtigt. Abschließend wird noch auf die Bestimmung des spezifischen Wasserandranges nach TRUELSEN eingegangen.

Резюме

Автор перечисляет методы для определения коэффициента водопроницаемости $к_f$ в рыхлых водоносных слоях и анализирует способы с целью выявления пределов погрешности. При этом оказалось необходимым также учитывать факторы, влияющие на величину $к_f$. Автор обстоятельно анализирует метод для определения величины $к_f$, использующий радиальное уравнение расхода; на этом методе основан полевой метод по ТИМу. При этом устанавливаются пределы действительности этого метода. Для более точного определения $к_f$ автор предлагает видоизмененный метод, учитывающий также разнородный гранулометрический состав водоносных слоев. В заключение обсуждается определение удельного напора воды по ТРЮЛЬЗЕНу.

Summary

The author mentions methods for the determination of the permeability coefficient k_f in loose material aquifers and analyses methods designed to disclose error limits. The consideration of factors affecting the k_f value was also necessary. A detailed analysis is given of the k_f value method of determination using the radial flow equation, on which THIEM's field method is based. The scope of validity of this method is stated. For a more accurate determination of the k_f value the author suggests a modified procedure, which also includes the heterogeneous grain structure of aquifers. Finally, the determination of the specific rush of water according to TRUELSEN is dealt with.

Literatur

BOGOMOLOW, A. E. & A. J. SILIN-BEKTSCHURIN: Spezielle Hydrogeologie. – Gosgeoltechisdat, Moskau 1955.
BOLLMANN, H.: Berechnungsmethoden der Grundwasserspende mit praktischen Beispielen. – WWT, H. 8, Berlin 1961.
BUSCH, K.: Wasserversorgung in Stadt u. Landwirtschaft. – Teubner-Verl., Leipzig 1956.
CHARDABELLAS, P. E.: Durchflußwiderstände im Sand und ihre Abhängigkeit von Flüssigkeits- und Bodenkennziffern. – Diss. T. H. Berlin 1939.
DACHLER, R.: Grundwasserströmung. – Springer-Verl., Wien 1936.
FAHMY, M. J.: The influence of clay particles on the hydraulic conductivity of sandy soils. – Diss. Univ. Wageningen 1961.
KOEHNE, W.: Die Ermittlung der Wasserführung von Grundwasserströmen und ihre Bedeutung für den Betrieb von Wasserwerken. – Kirschbaum-Verl., Bielefeld 1953.
– Grundwasserkunde. – Schweizerbart'sche Verlagsbuchhandl., Stuttgart 1948.
PFALZ, R.: Grundgewässerkunde. – Knapp-Verl., Halle 1951.
SCHNEIDER, H. & C. TRUELSEN: Die Wassererschließung. Teil I. – Vulkan-Verl., Essen 1952.
SKABALLANOWITSCH, J. A.: Hydrogeologische Berechnungen über die Dynamik des unterirdischen Wassers. – Ugletechisdat, Moskau 1954.
THIEM, G.: Die Grundlagen der Grundwasserforschung. – Dietrich-Verl., Leipzig 1941.
– Die Grundwasserströme in und um Leipzig und ihre Verwertung. – Kröner-Verl., Leipzig 1935.
ZIESCHANG, J.: Zur Klassifikation der Grundwasservorräte. – Z. angew. Geol., 7, H. 6, Berlin 1961.
– Zur zulässigen Höchstbelastung eines Brunnens. – Z. angew. Geol., 7, H. 11, Berlin 1961.
Standard der DDR: DIN 4049, Berlin, 1. März 1954.

Möglichkeiten zur Bestimmung der Permeabilität wasserführender Speichergesteine durch Bohrlochmessungen[1]

M. M. ELLANSKI

Eine der Hauptaufgaben der geophysikalischen Bohrlochmessungen ist die quantitative Untersuchung der Speichereigenschaften von Gesteinen. Während gegenwärtig einige genügend zuverlässige Verfahren zur Bestimmung der Porosität zur Verfügung stehen, ist es um die Permeabilitätsbestimmung wesentlich schlechter bestellt. Die Notwendigkeit, Kenntnis von der Permeabilität der Speichergesteine zu erlangen, ist in der Praxis der Erdölindustrie unbestritten. Dennoch findet man häufig nur sehr spärliche Angaben über diesen wichtigen Parameter. Die gewöhnlich verwendeten Permeabilitätswerte, die durch Laboruntersuchungen an Bohrkernen erhalten werden, charakterisieren in keiner Weise die Permeabilität eines Speicherhorizontes im ganzen, da der Kerngewinn meist sehr mangelhaft ist und häufig nur das am wenigsten speicherfähige, dichteste und am stärksten verfestigte Material ausgebracht wird.

In der Mehrzahl der Fälle ist es auch nicht möglich, die Permeabilität der Speichergesteine durch geophysikalische Bohrlochmessungen quantitativ zu bestimmen. Es werden verschiedene Verfahren zur Abschätzung dieser Größe angegeben. Die Mehrzahl von ihnen ist jedoch theoretisch nur ungenügend fundiert. Die errechneten Werte weichen gewöhnlich bedeutend von der tatsächlichen Permeabilität der Gesteine ab.

Es ist daher notwendig, die Zusammenhänge zwischen der Permeabilität der Gesteine und ihren strukturellen, physikalischen und elektrischen Parametern zu untersuchen und auf dieser Basis ein industriell brauchbares Verfahren zur Permeabilitätsbestimmung durch Bohrlochmessungen auszuarbeiten.

Im folgenden werden die bisherigen Ergebnisse der in dieser Richtung erfolgten Arbeiten vorgelegt. Am Beispiel des Untersuchungsgebietes Kaluga, wo gegenwärtig die Vorarbeiten für die Untergrundgasspeicherung für Moskau durchgeführt werden, sollen drei mögliche Verfahren zur Permeabilitätsbestimmung beschrieben werden.

1. Untersuchung der Abhängigkeit der Permeabilität terrigener wasserführender Gesteine von ihrem Formationsfaktor und Tongehalt

Es wird eine ideale Bodenprobe betrachtet, die zylindrische Porenkanäle mit einem konstanten Radius r aufweist, die unter einem Winkel zur Bewegungsrichtung der Flüssigkeit verlaufen. Für ein solches Material gilt die KOZENY-Formel (NIELSEN 1957):

$$k = \frac{\Phi^3}{2T^2 S^2} \tag{1}$$

in der k die Permeabilität des idealen Gesteins, Φ dessen Porosität, T die Tortuosität und S die spezifische Oberfläche der Porenkanäle ist.

Drücken wir die spezifische Oberfläche und die Porosität durch die Länge der Porenkanäle l, ihre Anzahl n

[1]) Aus: „Trudy WNII", 29, S. 207–217 (1960). – Übers.: K. ROTHE

und ihren Radius r aus, stellen die Tortuosität als Funktion des Formationsfaktors F und der Porosität Φ dar (NIELSEN 1957):

$$S = 2\pi r n l$$
$$\Phi = \pi r^2 n l \qquad (2)$$
$$T = \sqrt{\Phi F}$$

und setzen diese Ausdrücke in Formel (1) ein, ro ergibt sich:

$$k = \frac{r^2}{8F} \qquad (3)$$

Diese Formel verknüpft die Permeabilität mit dem Formationsfaktor und den Dimensionen der Kapillaren des idealen Bodens. Sie wird allerdings nicht für die natürlichen Speichergesteine zutreffen. Deren Porenkanäle sind von äußerst verschiedenartiger Gestalt, und ihre Dimensionen werden durchaus nicht konstant sein. Die Voraussetzung einer zylindrischen Form und der Radiuskonstanz der Porenkanäle läßt sich nicht auf die natürlichen Speichergesteine ausdehnen. Außerdem werden für die Speichergesteine die Tortuositätswerte, die bei der Bewegung einer Flüssigkeit und beim Durchgang des elektrischen Stroms durch die Poren bestimmt werden, nicht die gleichen sein. Offene, aber nicht effektive Poren stellen für den elektrischen Strom kein Hindernis dar, während eine Flüssigkeitsbewegung infolge der starken Kapillarkräfte in ihnen unmöglich ist. In offenen und effektiven Poren bildet sich bei einer plötzlichen Querschnittserweiterung ein „toter" Raum, der bei der Bewegung einer Flüssigkeit größer ist als beim Stromdurchgang, so daß die Größen der „elektrischen" und der „hydrodynamischen" Tortuosität der Porenkanäle nicht gleichgesetzt werden können.

Man kann daher Gleichung (3) nicht zur Bestimmung der Permeabilität natürlicher Speichergesteine verwenden. Die Existenz dieser analytisch erhaltenen Formel berechtigt jedoch zu der Hoffnung, daß auch unter natürlichen Bedingungen zwischen der Permeabilität, dem Formationsfaktor und den Dimensionen der Porenkanäle eines Speichergesteins eine Abhängigkeit besteht, die auf experimentellem Wege untersucht werden kann. Für rein terrigene Speichergesteine, bei denen die Dimensionen der Porenkanäle in der Hauptsache durch den Gehalt an tonigem Material im Gestein bestimmt werden und ein karbonatisches, limonitisches oder anderes Bindemittel praktisch fehlt, ist anzunehmen, daß ein Zusammenhang zwischen der Permeabilität k, dem Formationsfaktor F und dem Tongehalt c_T besteht.

Eine Beziehung $F = f(k, c_T)$ für quantitative Permeabilitätsbestimmungen an terrigenen wasserführenden Speichergesteinen wurde zum erstenmal von MOROSOW (1958) angegeben. Ihre theoretische Begründung war jedoch wenig überzeugend und zu einem großen Teil fehlerhaft. So wurde von MOROSOW überhaupt nicht herausgestellt, daß eine obligatorische Bedingung für die Existenz dieser Beziehung das Fehlen jeglicher anderer als toniger Bindemittel ist. Den Vergleich des Stromdurchganges mit der Bewegung der Wasser- und Gasmoleküle in einem porösen Medium, den MOROSOW anstellte, um die Zunahme des elektrischen Gesteinswiderstandes beim Ansteigen seiner spezifischen Oberfläche (d. h. seines Tongehaltes) zu erklären, kann man unmöglich als gelungen und richtig ansehen. Dennoch berechtigen einzelne Ungenauigkeiten und Fehler, die von MOROSOW bei der Begründung des von ihm angegebenen Zusammenhanges $F = f(k, c_T)$ zur Abschätzung von k begangen worden sind, keineswegs, ihn völlig abzulehnen, wie dies in einer Arbeit von KEIWSAR (1958) erfolgt ist.

Von Verf. wurde die Abhängigkeit $F = f(k, c_T)$ für die Sandsteine des Unterkambriums und Oberdevons im Erkundungsgebiet Kaluga untersucht. Man kann damit rechnen, daß die untersuchten Speichergesteine nur durch ein toniges Bindemittel verkittet sind. Der unlösliche Rückstand bei mechanischen Analysen von Kernproben dieser Sandsteine betrug 97—98%, d. h., auf sämtliche andersartigen Bindemittel entfallen maximal 2—3%.

Zur Untersuchung dieser Abhängigkeit wurden benutzt:

1. die an Bohrkernen bestimmten Werte für den Formationsfaktor und die Permeabilität. Der Tongehalt c_T wurde auf Grund der mechanischen Analyse dieser Proben ermittelt;

2. die bei hydrogeologischen Tests der Bohrungen erhaltenen Permeabilitätswerte.

Ferner wurde der Formationsfaktor aus dem Gesteinswiderstand ermittelt und der Tongehalt aus der γ-Strahlungsintensität nach dem von LARIONOW (1959) vorgeschlagenen Verfahren untersucht.

Als Ergebnis konnte ein Nomogramm konstruiert werden, mit dessen Hilfe man aus bekannten Werten für den Formationsfaktor F und für den Tongehalt c_T die Permeabilität terrigener wasserführender Speichergesteine bestimmen kann (Abb. 1). Es besteht aus einer in doppeltlogarithmischem Maßstab aufgetragenen Kurvenschar für die Abhängigkeit $F = f(k)$, wobei als Parameter der Kurven der Tongehalt c_T dient.

Um danach die Permeabilität zu bestimmen, muß man den Formationsfaktor F aus den bekannten Werten für den Gesteinswiderstand R_t und den Widerstand des Schichtwassers R_w ermitteln und nach dem LARIONOWschen Verfahren den Tongehalt c_T abschätzen. Nachdem man diese Größen bestimmt hat, wählt man die entsprechende Kurve des Nomogramms aus und ermittelt die dem Formationsfaktor F entsprechende Permeabilität.

Das in Parameterdarstellung vorgelegte Diagramm $F = f(k, c_T)$ trägt vorläufigen Charakter; für eine genauere Konstruktion müßte wesentlich mehr Tatsachenmaterial verwendet werden, als Verf. zur Verfügung stand.

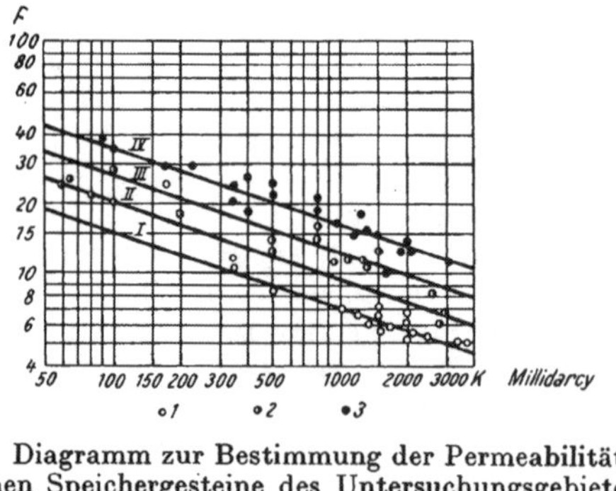

Abb. 1. Diagramm zur Bestimmung der Permeabilität k der terrigenen Speichergesteine des Untersuchungsgebietes Kaluga aus dem Formationsfaktor F und dem Tongehalt c_T

1 – Tongehalt 5%
2 – Tongehalt 5–10%
3 – Tongehalt 10%

I – Kurve für $c_T = 0$
II – Kurve für $c_T = 5\%$
III – Kurve für $c_T = 10\%$
IV – Kurve für $c_T = 15\%$

2. Untersuchung der Abhängigkeit der Permeabilität terrigener wasserführender Gesteine von der „elektrischen" Tortuosität der Porenkanäle

Ein zweites mögliches Verfahren zur Abschätzung der Permeabilität terrigener Speichergesteine beruht auf der im Ausland empirisch erhaltenen Beziehung zwischen der Permeabilität und dem Quadrat der „elektrischen" Tortuosität der Porenkanäle (PIRSON 1957):

$$T_e^2 = \Phi F \tag{4}$$

Dieser Zusammenhang wurde für die Gdow-Sandsteine des Unterkambriums von Kaluga untersucht. Dabei wurden die an Kernproben bestimmten F-, Φ- und k-Werte dieser Gesteine zugrunde gelegt (Abb. 2).

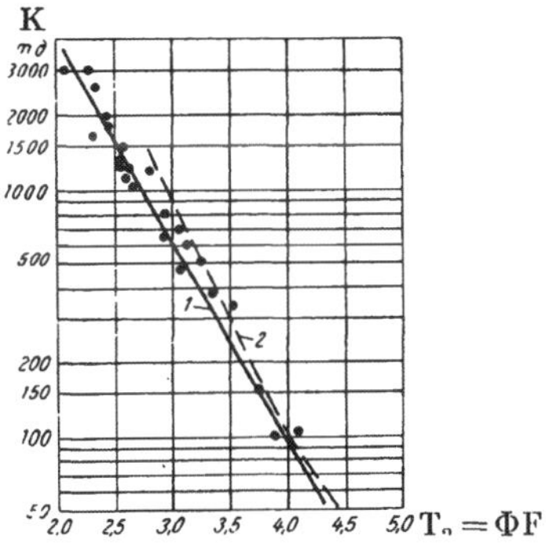

Abb. 2. Abhängigkeit der Permeabilität der Gdow-Schichten des Untersuchungsgebietes Kaluga von der „elektrischen" Tortuosität der Porenkanäle

1 – vorläufige Kurve $k = f(T_e^2)$ für die Gdow-Sandsteine von Kaluga
2 – in den USA erhaltene mittlere Kurve $k = f(T_e^2)$

Die für die Gdow-Sandsteine erhaltene Kurve $k = f(T_e^2)$ liegt gegenüber der analogen, in den USA erhaltenen mittleren Kurve für diese Beziehung etwas weiter links.

Um diese Abhängigkeit für Permeabilitätsbestimmungen zu nutzen, müssen der Formationsfaktor und die Porosität unabhängig voneinander bestimmt werden (anderenfalls würde sich die Permeabilität als eindeutige Funktion des Formationsfaktors ergeben). Dies kann auf zwei Wegen erfolgen:

a) Der Formationsfaktor wird aus Widerstandsmessungen und die Porosität aus Neutron-Gamma-Messungen ermittelt. Während die Bestimmung von F für wasserführende Gesteine durch seitliche elektrische Sondierungen meist keine Schwierigkeiten bereitet (außer in den Fällen, wo der Widerstand des Schichtwassers sehr gering ist), ist das Problem, die Porosität aus Neutron-Gamma-Messungen zu bestimmen, gegenwärtig noch nicht gelöst. Im Labor des Moskauer Instituts der Erdöl- und Erdgasindustrie wurde die Abhängigkeit der nγ-Intensität von der Porosität der Speichergesteine von Kaluga untersucht und eine Methodik zur Φ-Bestimmung auf diesem Wege vorgeschlagen (1959).

b) Verschiedene Autoren erwähnen, daß der Zusammenhang zwischen dem Formationsfaktor und der Porosität nicht eindeutig sei. DACHNOW (1955) hat eine Schar von Kurven für $F = f(\Phi)$ für terrigene Gesteine unterschiedlichen Zementationsgrades angegeben. Wenn andere als tonige Bindemittel fehlen, wird der Zementationsgrad terrigener Speichergesteine durch den Tongehalt bestimmt. Deshalb sollte man versuchen, für solche Gesteine nicht eine mittlere Kurve $F = f(\Phi)$, wie das üblicherweise gemacht wird, sondern eine Kurvenschar für verschiedene c_T-Werte aufzustellen. MOROSOW (1958) erhielt beispielsweise für die terrigenen Speichergesteine des Wolgagebietes sechs Kurven für $F = f(\Phi)$, deren Parameter der Tongehalt ist.

Gegenwärtig werden entsprechende Arbeiten für die terrigenen Speichergesteine des Untersuchungsgebietes Kaluga im Labor Nr. 1 des Moskauer Instituts der Erdöl- und Erdgasindustrie durchgeführt. Verfügt man erst über verschiedene Beziehungen $F = f(\Phi)$ in Abhängigkeit vom Tongehalt, so kann man mit bekannten Werten F und c_T die Porosität bestimmen und danach $T_e^2 = \Phi \cdot F$ berechnen, um dann über die Kurve $k = f(T_e^2)$ die Permeabilität des Gesteins zu erhalten.

Offensichtlich kann, wenn man eines der angegebenen Verfahren zur unabhängigen F- und Φ-Bestimmung verwendet, aus der Größe T_e^2 die Permeabilität der Gesteine recht zuverlässig abgeleitet werden. Als Bestätigung dafür mögen die weitgehende und erfolgreiche Anwendung der Permeabilitätsbestimmung über die Tortuosität in den USA sowie die geringe Streuung der Punkte der vom Verf. konstruierten Kurve für die Abhängigkeit $k = f(T_e^2)$ dienen.

3. Untersuchung der Abhängigkeit der Permeabilität wasserführender terrigener Speichergesteine vom Verdrängungsgrad des Schichtwassers aus der Infiltrationszone und von ihrem Durchmesser

Bis vor kurzem wurde noch angenommen, daß der Widerstand der an das Bohrloch anschließenden Zone einer Schicht durch folgende Formel genügend genau bestimmt werden kann:

$$R_{xo} = F R_{mf} \tag{5}$$

wobei R_{mf} der Widerstand des Spülungsfiltrats ist.

Durch zahlreiche Untersuchungen wurde jedoch festgestellt, daß in der Mehrzahl der Fälle der Widerstand auch des bohrlochnahen Teils der Infiltrationszone unter der Bedingung $R_{mf} > R_w$ (wobei R_w der Widerstand des Schichtwassers ist) kleiner ist als R_{xo}. Dies kann auf zwei Ursachen zurückgeführt werden:

a) Das Schichtwasser ist auch im bohrlochnahen Bereich der Infiltrationszone nicht vollständig durch das Spülungsfiltrat verdrängt worden.

b) In einigen Fällen (bei einem großen Unterschied zwischen R_w und R_{mf}, niedrigem Salzgehalt der Spülung und hohem Tongehalt des Speichergesteins) wird der Widerstand der bohrlochnahen Zone gegenüber R_{xo} auch noch durch die Oberflächenleitfähigkeit herabgesetzt.

Deshalb muß man bei der Bestimmung des Widerstandes der Infiltrationszone berücksichtigen, inwieweit die Poren noch mit Schichtwasser gefüllt sind und wie groß der Einfluß der Oberflächenleitfähigkeit unter den jeweiligen konkreten Bedingungen ist.

Für die Leitfähigkeit der bohrlochnahen Infiltrationszone kann folgende Formel angegeben werden:

$$\frac{1}{R_i} = \alpha \frac{1}{F}\left(\frac{\Phi_f}{\Phi R_{mf}} + \frac{\Phi - \Phi_f}{\Phi R_w}\right) \tag{6}$$

R_i ist der Widerstand des untersuchten bohrlochnahen Bereiches der Infiltrationszone, F der Formationsfaktor und Φ die Porosität der Schicht, R_{mf} der Widerstand des Spülungsfiltrats und R_w derjenige des Schichtwassers; Φ_f ist der vom Spülungsfiltrat eingenommene Teil des Porenvolumens; α schließlich ist ein Koeffizient, der den Einfluß der Oberflächenleitfähigkeit berücksichtigt.

Gleichung (6) nach Φ_f aufgelöst:

$$\Phi_f = \frac{\frac{F R_{mf}}{\alpha R_i} - \frac{R_{mf}}{R_w}}{1 - \frac{R_{mf}}{R_w}} \Phi \qquad (7)$$

Dieselbe Größe Φ_f kann aus einer Formel erhalten werden, die die Flüssigkeitsaufnahme bei der durch den Druckunterschied ΔP bewirkten Filtration durch ein beliebiges Medium, die Permeabilität dieses Mediums k, die Zähigkeit der filtrierenden Flüssigkeit μ_f und die für die Geometrie des Mediums charakteristischen Größen (Länge, Querschnitt usw.) verknüpft.

Im Fall einer linearen, stationären Filtration unterliegt die Flüssigkeitsaufnahme dem DARCYschen Gesetz, d. h., sie ist dem Druckunterschied proportional:

$$Q = \frac{k \Delta P S}{\mu_f l} \qquad (8)$$

Darin sind: Q das aufgenommene Flüssigkeitsvolumen, ΔP die Druckdifferenz auf der Länge l und S die Querschnittsfläche des Mediums, durch das die Flüssigkeit filtriert wird.

Wenn der Druckunterschied ΔP während des Filtrationsvorganges konstant bleibt, so wird (unter der Voraussetzung $S = \text{const}$, $\mu_f = \mu_w$ = Viskosität der verdrängten Flüssigkeit) auch die Flüssigkeitsaufnahme Q in jedem Zeitpunkt konstant sein.

Die Gesamtflüssigkeitsmenge, die während der gesamten Filtrationsdauer t_f durch das Medium filtriert wird, wird offensichtlich das mit der filtrierenden Flüssigkeit gefüllte Porenvolumen des Mediums charakterisieren:

$$Q t_f = \frac{k \Delta P S t_f}{\mu_f l} = \Phi_f V \qquad (9)$$

wobei V das Volumen der Infiltrationszone des Mediums ist:

$$V = S l$$

Aus Gleichung (9) ergibt sich für Φ_f:

$$\Phi_f = \frac{k \Delta P t_f}{\mu_f l^2} \qquad (10)$$

Löst man die letzte Gleichung nach k auf und setzt für Φ_f den durch Gleichung (7) gegebenen Ausdruck ein, so erhält man:

$$k = \frac{\left(\frac{F R_{mf}}{\alpha R_i} - \frac{R_{mf}}{R_w}\right) \Phi \mu_f l^2}{\left(1 - \frac{R_{mf}}{R_w}\right) \Delta P t_f} \qquad (11)$$

bzw.

$$k = \Phi_f \frac{\mu_f l^2}{\Delta P t_f} \qquad (11a)$$

Im Fall einer linearen stationären Infiltration befindet sich also die Permeabilität des Mediums in direkter Abhängigkeit von Φ_f (dem Grad der Infiltration), der Viskosität μ_f der filtrierenden Flüssigkeit, dem Quadrat der Länge der Infiltrationszone l^2 und in reziproker Abhängigkeit von dem Druckunterschied ΔP und der Filtrationsdauer t_f.

Eine der Gleichung (11) analoge Formel kann man auch für den Fall erhalten, daß das Bohrloch mit Klarwasserspülung gefüllt ist, die in ein permeables Gestein eindringt und das Schichtwasser verdrängt. Dabei wird vorausgesetzt, daß beide Flüssigkeiten die gleichen Elastizitätsmoduln und Viskositäten besitzen. Es ist dann

$$k = \frac{\left(\frac{F R_{mf}}{\alpha R_i} - \frac{R_{mf}}{R_w}\right) \Phi (D^2 - d^2)}{\left(1 - \frac{R_{mf}}{R_w}\right) \frac{2\pi (p_0 - p)}{\mu} \int_0^{t_f} \frac{dt}{\ln \frac{D}{d}}} \qquad (12)$$

Darin sind: D der Durchmesser der Infiltrationszone, d der Bohrlochdurchmesser, p_0 der hydrostatische Druck der Spülungssäule im Niveau der Schicht und p der Schichtdruck. Die übrigen Symbole sind die gleichen wie in Gleichung (11).

Auch in diesem Fall hängt die Permeabilität im wesentlichen von dem mit dem Spülungsfiltrat erfüllten Volumenanteil des Porenraumes und vom Durchmesser der Infiltrationszone ab.

Von größtem Interesse ist aber der Fall, wo die Verdrängung des Schichtwassers durch das Spülungsfiltrat einer Tonspülung erfolgt. Dabei bildet sich bekanntlich an der Bohrlochwand bei einer permeablen Schicht ein Tonkuchen, dessen Dicke von mehreren Faktoren abhängt (Viskosität der Spülung, Druckunterschied, Filtrationsdauer, Permeabilität der Schicht u. a.) und zeitlich nicht konstant ist. Der Einfluß dieser Faktoren auf die Dicke des Filterkuchens und ihre zeitliche Änderung ist bisher überhaupt noch nicht untersucht worden.

Für diesen Allgemeinfall wird sich eine der Gleichung (12) analoge Formel in übersichtlicher Form offenbar nicht aufstellen lassen. Bei der Verdrängung des Schichtwassers durch das Spülungsfiltrat wird der Druckabfall nicht konstant bleiben, weil ein Teil von ΔP notwendig ist, um den Widerstand des Filterkuchens zu überwinden. Die zeitliche Änderung des Filtrationsdrucks wird aller Wahrscheinlichkeit nach nur experimentell untersucht werden können.

In Analogie zu den Formeln (11) und (12), die für Spezialfälle der Filtration gelten, kann man für den Allgemeinfall folgende Formel angeben, die die Abhängigkeit der Permeabilität eines Gesteins von seinen strukturellen, mechanischen und elektrischen Parametern beschreibt:

$$k = \frac{\left(\frac{F R_{mf}}{\alpha R_i} - \frac{R_{mf}}{R_w}\right) \Phi (D^2 - d^2)}{\left(1 - \frac{R_{mf}}{R_w}\right) G(k, \Delta P, \mu_{mf}, \mu_w, \Phi, \beta_w, \beta)} \qquad (13)$$

wobei μ_{mf} und μ_w die Viskositäten des Spülungsfiltrats und des Schichtwassers, β_w und β die Elastizitätsmoduln des Schichtwassers und des Gesteinsskeletts sind. Die Funktion G erfaßt die zeitliche Änderung des Durchmessers der Infiltrationszone. Es ist anzunehmen, daß bei der Untersuchung irgendeines bestimmten Horizontes im Bereich einer Struktur diese Funktion in der Hauptsache von dessen Permeabilität abhängt, weil sich die übrigen in die Funktion G eingehenden Größen gewöhnlich im Bereich einer Struktur nur geringfügig ändern.

Verf. hat die Abhängigkeit des Parameters

$$\xi = \frac{\left(\frac{F R_{mf}}{R_i} - \frac{R_{mf}}{R_w}\right) \Phi (D^2 - d^2)}{1 - \frac{R_{mf}}{R_w}} = \Phi_f (D^2 - d^2)$$

von der Permeabilität für die Gdow-Schichten des Kaluga-Gebietes untersucht. Dabei wurden die Permeabilitätswerte benutzt, die bei hydrogeologischen Tests der Gdow-Schichten erhalten worden sind. Die Größe R_i wurde aus dem linken Ast der BKS-Kurven bestimmt. D wurde aus dem Äquivalenzparameter U der BKS-Kurven und den Größen R_t, R_i und R_m ermittelt. Φ wurde nach den Ergebnissen komplexer geophysikalischer Untersuchungen (Widerstandsmessungen, Mikrolog, Neutron-Gamma-Messungen, Messungen mit symmetrischer Sonde) bestimmt.

Die erhaltene Abhängigkeit ist in Abb. 3 wiedergegeben. Der Einfluß der Oberflächenleitfähigkeit blieb

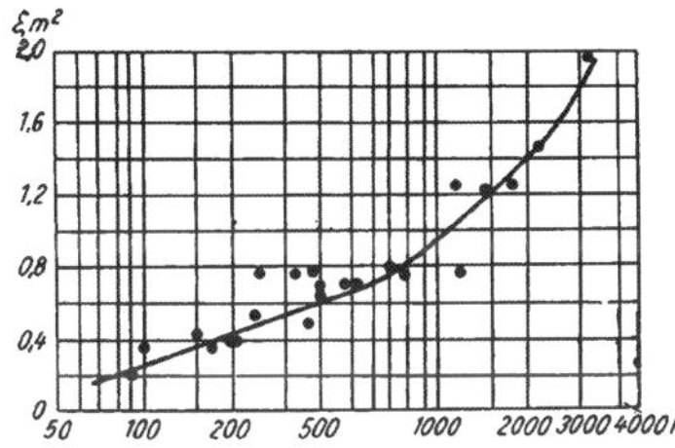

Abb. 3. Abhängigkeit des Parameters ξ von der Permeabilität der Gdow-Schichten im Untersuchungsgebiet Kaluga

unberücksichtigt, da anzunehmen ist, daß in den meisten Fällen die Rolle der Oberflächenleitfähigkeit bei der Untersuchung des Widerstandes der Infiltrationszone gering ist; denn der Tongehalt der Gdow-Schichten übersteigt sehr selten 5—10%, und das R_{mf}/R_w-Verhältnis beträgt gewöhnlich 10—15 (R_w liegt zwischen 0,1 und 0,2 Ωm).

Es wäre aber falsch, bei der Untersuchung des Zusammenhanges $\xi = f(k)$ den Einfluß der Oberflächenleitfähigkeit überhaupt nicht zu berücksichtigen, nur hatte Verf. mangels Zeit und Material keine Möglichkeit dazu.

Da die Kurve für $\xi = f(k)$ nur mit einer geringen Anzahl von Punkten konstruiert worden ist, trägt sie lediglich vorläufigen Charakter und kann für die quantitative Bestimmung der Permeabilität nur der Gdow-Schichten von Kaluga benutzt werden.

Zusammenfassung

Verf. untersucht anhand von drei verschiedenen Arbeitsmethoden Möglichkeiten, die Parameter der Permeabilität von Gesteinen durch Bohrlochmessungen festzustellen. Die diesen Berechnungen zugrunde liegenden mathematischen Formeln werden auf ihre Brauchbarkeit und Anwendbarkeit unter speziellen Bedingungen überprüft. In allen Fällen handelt es sich um sandige Speicher, bei denen das Bindemittel teils tonig, teils quarzitisch ist. Die Untersuchungen beschränken sich auf Gesteine von einwandfrei terrigener Entstehung.

Резюме

На основе трех различных методов работы автор изучает возможности к установлению параметров проницаемости пород путем каротажа. Формулы, лежащие в основе этих подсчетов, проверяются с точки зрения их полезности и применимости в специальных условиях. Во всех случаях речь идет о песчанистых коллекторах, в которых цемент частично является глинистым, частично кварцитовым. Исследования ограничиваются на породы, терригенное происхождение которых стоит вне всякого сомнения.

Summary

Three different working methods are indicated by the author to study possibilities of fixing parameters of rock permeability by means of drillhole measurements. Mathematical formulas underlying these calculations are examined with regard to their usefulness and applicability under special conditions. In all cases sandy reservoirs are concerned, with a partly shaly, partly quartzitic binder. The investigations are limited to rocks of a perfectly terrigenous origin.

Literatur

DACHNOW, W. N.: Interpretation der Ergebnisse geophysikalischer Bohrlochuntersuchungen. — Gostoptechisdat, Moskau 1955 (russisch).
DOBRYNIN, W. M., M. G. LATYSCHOWA & N. D. LEPARSKAJA: Bohrlochuntersuchungen nach der Methode der induzierten Polarisation. — GOSINTI, Moskau 1958 (russisch).
KEIWSAR, S. I.: Über den Zusammenhang zwischen Formationsfaktor, Permeabilität und spezifischer Oberfläche der Gesteine. — Priklad. geof., 19, Moskau 1958 (russisch).
MOROSOW, G. S.: Die Methodik der Bestimmung der Porosität, Permeabilität und spezifischen Oberfläche wasserführender Gesteine aus elektrischen Bohrlochmessungen. — Priklad. geof., 19, Moskau 1958 (russisch).
NIELSEN, R. F.: Über den Zusammenhang zwischen der Tortuosität der Porenkanäle und der Permeabilität und dem Widerstand der Gesteine (russ., Übers. aus dem Engl.) — Wopr. promysl. geof., Moskau 1957.
PIRSON, J.: Formation evaluation by electric log interpretation. — World Oil, 5, 6, 7 (1957).
SCHTSCHELKATSCHEW, W. N. & B. B. LAPUK: Untergrund-Hydraulik. — Gostoptechisdat, Moskau 1949 (russisch).
TSCHEKALJUK, E. B.: Pseudokritische Filtrationsparameter. — Neft. chos., Nr. 9, Moskau 1948 (russisch).
Entwicklung und industrielle Anwendung des Komplexes geophysikalischer Methoden zur detaillierten Untersuchung der Profile von Bohrungen, die zur Erkundung von Objekten für die Untergrundgasspeicherung niedergebracht worden sind. — Bericht des Laboratoriums Nr. 1 und des Lehrstuhls für Bohrlochgeophysik des Moskauer Instituts der Erdöl- und Erdgasindustrie (MINCHiGP), Fondy MINCHiGP 1959.

Zur sowjetischen Diskussion über die Klassifizierung der prognostischen Vorräte an Erdöl und Erdgas[1]

FRIEDRICH STAMMBERGER, Berlin

1. Das Thema der sowjetischen Diskussion

In der Sowjetunion wird seit 1959 unter den Erdölgeologen und in ihren Fachzeitschriften eine lebhafte Diskussion über die prognostischen Erdöl-Erdgas-Vorräte geführt. Strittige Fragen sind nicht nur, ob die bestehende Erdöl-Erdgas-Vorratsklassifikation (1961) überarbeitet werden muß und die prognostischen Vorräte einbezogen werden müssen. Umstritten sind auch solche Fragen wie:

a) Sind die prognostischen Vorräte eine Kategorie[2]), die mit den übrigen Kategorien der Klassifikation (A, B, C_1, C_2) in eine Reihe gestellt werden kann?

b) Handelt es sich bei diesen Vorräten um eine Kategorie, oder sollen besser zwei Kategorien gebildet und als D_1 und D_2 bezeichnet werden?

c) Ist die Abgrenzung der C_2-Vorräte von den prognostischen Vorräten eindeutig? Wenn nicht, wie sollte sie erfolgen?

d) Nach welchen Klassifizierungsgrundsätzen (Kriterien) sollen die prognostischen Vorräte ausgegliedert werden?

Neben diesen und ähnlichen Fragen, die unmittelbar die Klassifizierung betreffen, wurde noch das Problem der Berechnung prognostischer Vorräte und ihrer ökonomischen Bedeutung diskutiert.

Nachfolgend soll zunächst nur zu den wichtigsten Fragen der Klassifizierung der prognostischen Vorräte

[1]) Eingang des Manuskripts in der Redaktion: 17. 2. 62.
[2]) Kategorie stimmt mit „Klasse" der deutschen Klassifikation überein.

Stellung genommen werden (Probleme ihrer Berechnung bleiben einem späteren Aufsatz vorbehalten), d. h. zu zwei umfangreichen Veröffentlichungen (BUJALOW u. a. 1961a, 1961b) von Autorenkollektiven und einer Stellungnahme der sowjetischen Vorratskommission (MALYSCHEW 1961), da die Beschlüsse des geologischen Expertenrates beim Ministerium für Geologie der UdSSR vom Juni 1961 zu diesem Thema nicht veröffentlicht wurden.

Eine Aussprache zu dieser Frage ist zweifellos auch in der DDR zweckmäßig, da die prognostischen Vorräte an Erdöl und Erdgas beim gegenwärtigen Stand der Such- und Erkundungsarbeiten eine relativ große Rolle spielen, die sie wahrscheinlich auch in absehbarer Zeit behalten werden.

2. Definition der prognostischen Erdöl-Erdgas-Vorräte

Eine Definition der prognostischen Vorräte findet sich in den beiden genannten Aufsätzen von BUJALOW u. a. (1961a, 1961b) nicht. Es wird lediglich festgestellt, daß sie wesentlicher Bestandteil der „potentiellen Reserven" und „nichterkundete Vorräte" sind (1961a). An anderer Stelle (1961b) werden sie zusammen mit C_2-Vorräten den übrigen Klassen als nichterkundete Vorräte gegenübergestellt.

In der sowjetischen Erdöl-Erdgas-Klassifikation (1961) werden die „auf Grund allgemeiner geologischer Vorstellungen" bestimmten prognostischen Vorräte für die Einschätzung der potentiellen Entwicklungsmöglichkeiten der Erdöl- und Erdgasindustrie zugelassen (Pkt. 7).

Die prognostischen Vorräte sind durch die erwähnten Formulierungen offensichtlich ungenügend definiert. Es wird eher unterstellt, daß jeder weiß, was unter prognostischen Vorräten zu verstehen ist.

Daß diese Unterstellung zu optimistisch auch für die Sowjetunion ist, geht aus der ersten Kollektiv-Veröffentlichung (BUJALOW u. a. 1961a) eindeutig hervor:

1. Als prognostische Vorräte werden auf S. 15 z. B. die Klassen D_1, C_2 (!) zusammengefaßt. Später werden diese Vorräte (in beiden Klassen) sogar als eine (!) Kategorie bezeichnet.

2. Sehr verbreitet ist in der Sowjetunion die Zusammenfassung der C_2-Vorräte mit den prognostischen Vorräten als „perspektive" Vorräte. (Das ist z. T. durch die weitergefaßte Definition der C_2-Vorräte in der sowjetischen Klassifikation — im Vergleich mit der DDR-Klassifikation — begründet.)

Die begriffliche Unklarheit wird noch dadurch vergrößert, daß „nichterkundet" mit „nichtabgebohrt" identifiziert wird und daß damit extrapolierte Vorräte — ganz gleich in welchen Grenzen und mit welcher Zuverlässigkeit — automatisch mit den prognostischen Vorräten in eine Reihe gestellt werden.

In der ersten DDR-Erdöl-Erdgas-Klassifikation (1961) werden die prognostischen Vorräte als noch nicht nachgewiesene, jedoch begründet zu erwartende Vorräte (nach Durchführung der notwendigen Untersuchungsarbeiten) definiert. Gleichzeitig sind die C_2-Vorräte enger gefaßt als vergleichsweise in der sowjetischen Klassifikation, so daß sich zwischen diesen und den prognostischen Vorräten eine exakte Grenze bildet. Daraus ergibt sich u. a., daß ein beträchtlicher Teil sowjetischer C_2-Vorräte nach der DDR-Klassifikation zu den prognostischen Vorräten gerechnet werden muß.

C_2-Vorräte können in der DDR nur für „noch ungenügend erkundete Flächen" berechnet werden, „die an Vorräte höherer Klassen angrenzen", oder in „noch nicht abgebohrten Strukturteilen", wenn in den benachbarten Öl und oder Gas nachgewiesen wurde und „auf den nicht abgebohrten Flächen die geologische Voraussetzung für eine Erdöl- oder Erdgasführung gegeben ist". Damit wird ein Zustand weitgehend ausgeschlossen, bei dem — wie sowjetische Autoren (BUJALOW u. a. 1961b) feststellen — C_2-Vorräte auf Flächen berechnet werden, „von denen sich nur ein unbedeutender Teil als industriell erdölführend erweist".

Bei Erdöl und Erdgas ist offensichtlich die 1961 gegebene Definition prognostischer Vorräte (STAMMBERGER & REINHOLD 1961) zutreffend:

„Prognostische Vorräte sind noch nicht entdeckte und erkundete Lagerstättenvorräte, deren Existenz auf Grund geologisch-geophysikalischer Erkenntnisse vorausgesagt werden kann."

C_2-Vorräte sind dagegen durchaus bekannt; sie sind teilerkundet und ihre Lage ist konkret angegeben. Es sind echte, extrapolierte Vorräte, über deren Existenz keine Zweifel bestehen. Es liegt kein Grund vor, nur weil sie durch Bohrungen noch nicht erfaßt wurden (und damit zu C_1-Vorräten geworden sind), sie als „höchste Kategorie der prognostischen Vorräte" (BUJALOW u. a. 1961b) zu betrachten.

3. Sind die prognostischen Vorräte eine Vorratsgruppe oder Vorratsklasse?

In älteren sowjetischen Veröffentlichungen werden die prognostischen Vorräte meist als Kategorie bezeichnet. Dieser Standpunkt war bis 1959 generell sehr verbreitet. Während des „I. Internationalen Kolloquiums zu Fragen der Vorratsklassifikation" (Anfang 1959) war es besonders die DDR-Delegation, die auf die Zwiespältigkeit des Charakters der prognostischen Vorräte hinwies und nachdrücklich ihre Eigenart, die sie zu einer besonderen Vorratsgruppe macht, hervorhob.

Dieser zwiespältige Charakter — Gruppe und Klasse — fand seinen Niederschlag sowohl in Veröffentlichungen unserer Zeitschriften (STAMMBERGER & REINHOLD 1961) als auch in den offiziellen Dokumenten der ZVK, den Vorratsklassifikationen für Erdöl und Erdgas (1961) sowie für feste mineralische Rohstoffe (1962).

Prognostische Vorräte sind eine eigene Vorratsgruppe, weil sie im Unterschied zu den Bilanz- und Außerbilanzvorräten nicht nachgewiesen, sondern nur als existent vorausgesagt wurden. Vor ihrem Nachweis stehen sie einer Nutzung nicht zur Verfügung. Prognostische Vorräte liegen hinsichtlich unserer Kenntnisse über diese Vorräte, d. h. des Untersuchungsgrades, noch unter den C_2-Vorräten. Darin äußert sich ihr Klassencharakter.

Aus diesem Umstand wurde in den DDR-Klassifikationen der logische Schluß gezogen: Die prognostischen Vorräte bilden eine dritte Vorratsgruppe. Sie enthalten Vorräte mit einem Untersuchungsgrad, der geringer als für C_2-Vorräte ist. Im Zusammenhang mit dieser Entscheidung antwortete die ZVK auch auf die obengenannten, in der sowjetischen Diskussion aufgeworfenen Fragen:

a) prognostische Vorräte können mit den Vorratsklassen (A, B, C_1, C_2) nicht in eine Reihe gestellt werden. Sie weisen Besonderheiten auf;

b) die Abgrenzung der prognostischen Vorräte von der Klasse C_2 ist in der DDR eindeutig (in der sowjetischen Erdöl-Erdgas-Klassifikation ist sie unscharf);

c) eine Unterteilung der prognostischen Vorräte ist sinnvoll. Sie sollte nach dem gleichen Kriterium erfolgen wie die Einstufung der Vorräte in die einzelnen Klassen, d. h. nach dem Untersuchungsgrad.

4. Unterteilung der prognostischen Vorräte

Da in der DDR die Bilanzvorräte die Bezeichnung A, B usw., Außerbilanzvorräte jedoch a, b usw. erhalten haben (in den bestehenden Klassifikationen der übrigen Länder fehlt diese Unterscheidung), ist es verständlich, daß sich die ZVK seit langem gegen die Bezeichnung der prognostischen Vorräte als Klasse oder Kategorie D gewandt hat, ohne dieser Frage übermäßige Bedeutung beizumessen.

DDR-Geologen haben ferner den Standpunkt vertreten (Stammberger & Reinhold 1961), daß es theoretisch möglich wäre, die prognostischen Vorräte nach dem Untersuchungsgrad in mehrere „Klassen" einzuteilen, haben gleichzeitig jedoch vor einer zu großen Aufsplitterung gewarnt. In diesem Zusammenhang wurde ferner vorgeschlagen, nicht von Klassen, sondern von Untergruppen zu sprechen und sich auf zwei Untergruppen zu beschränken. Die ZVK ist diesen praktischen Vorschlägen gefolgt und hat sie in die Klassifikationen übernommen. Es ist erfreulich, daß sich ein Teil der sowjetischen Geologen gegenwärtig ebenfalls für eine solche Regelung einsetzt (Bujalow u. a. 1961b).

Einheitliche Auffassungen liegen allerdings in der Sowjetunion noch nicht darüber vor, nach welchen Gesichtspunkten diese Unterteilung der prognostischen Vorräte erfolgen soll. Recht unklare Vorschläge (Bujalow u. a. 1961a), bei denen neben der Zuverlässigkeit die Berechnungsmethode bzw. der Strukturtyp (Falle) dazu herangezogen werden sollten, wurden inzwischen fallengelassen.

M. A. Shdanow (1962) unterscheidet die eigentlichen prognostischen Vorräte von den potentiellen, wobei er zu den letzten Vorräte auf solchen großräumigen Berechnungsflächen zählt, für die faktisch keine, auch keine allgemeinen regional-geologischen Daten vorliegen, nach denen eine Berechnung mit Hilfe der Analogie zu ähnlichen untersuchten Gebieten möglich wäre.

In ihrem Aufsatz (Bujalow u. a. 1961b) teilen die Verfasser die prognostischen Vorräte in zwei Untergruppen D_1 und D_2. Zu D_1 werden jene Vorräte gezählt, die auf Grund regionaler Untersuchungen berechnet werden können. Die Verfasser definieren den Komplex solcher Untersuchungen, die erstaunlich umfangreich sind und auch einen bestimmten Bohrumfang einschließen. Zu D_2 werden Vorräte solcher Gebiete (und Teufen) gerechnet, für die regionale Untersuchungen nicht in so umfassender Weise durchgeführt wurden. Die Vorschläge der Verfasser sind offensichtlich verbesserungsbedürftig. Auf sie treffen in nicht wenigen Punkten die kritischen „Erläuterungen" des Vorsitzenden der sowjetischen Vorratskommission, I. I. Malyschew, zu (1961), mit dessen Standpunkt sich die ZVK der DDR einverstanden erklärt hat.

Die in der 1. DDR-Erdöl-Erdgas-Klassifikation (Pkt. 3.15 und 3.16) gegebenen Definitionen der beiden Untergruppen (die mit δ_1 und δ_2 eine Bezeichnung erhalten haben, die sie von denen der Bilanz- und Außerbilanzvorräte deutlich unterscheidet) werden den geologischen Grundlagen und damit dem Untersuchungsgrad und der unterschiedlichen Zuverlässigkeit der Vorräte in diesen Untergruppen gerecht.

5. Schlußfolgerungen

Es kann festgestellt werden, daß die Definitionen und Bestimmungen der 1. DDR-Erdöl-Erdgas-Klassifikation die in der sowjetischen Diskussion aufgezeigten Schwierigkeiten sehr weitgehend ausschließen. Sie ist in dieser Hinsicht — verglichen mit der z. Z. gültigen sowjetischen Klassifikation — ein echter Fortschritt.

Literatur

Bujalow, N. I., W. G. Wassiljew, N. D. Jelin, N. S. Jerofejew, M. S. Lwow, A. J. Kleschtschew, N. M. Kudrjaschowa & W. L. Sokolow: Die Methodik der Einschätzung der Ressourcen an Naturgas und Erdöl. – Geologija nefti i gasa, H. 1, [1961a] (russ).

Bujalow, N. I., W. G. Wassiljew, N. A. Kalinin & S. N. Simakow: Über die Klassifizierung prognostischer Vorräte an Erdöl und Gas und die Methodik ihrer Berechnung. – Geologija nefti i gasa, H. 11, [1961b] (russ.).

Malyschew, I. I.: Über die Methodik der Einschätzung der Ressourcen an Naturgas und Erdöl. – Geologija nefti i gasa, H. 8, 1961 (russ.).

Shdanow, M. A.: Berechnung von Lagerstättenvorräten an Erdöl und Erdgas. – Akademie-Verlag, im Druck, Berlin 1962.

Stammberger, F. & D. Reinhold: Über die prognostischen Vorräte. – Bergakademie, H. 11 (1961).

Neue sowjetische Erdöl-Erdgas-Vorratsklassifikation (vom 21. April 1959). – Z. angew. Geol., 7, 345–346, Berlin 1961.

1. DDR-Vorratsklassifikation für Erdöl und Erdgas (vom 3. Mai 1961). – Z. angew. Geol., 7, 454–455, Berlin 1961.

2. DDR-Vorratsklassifikation fester mineralischer Rohstoffe (vom 31. 1. 1961).

F. A. Grischin

Ist der Ölabgabekoeffizient abhängig von der Dichte des Bohrnetzes?[1]

Referiert von K. Kauter, Berlin

Das ist durchaus keine rhetorische Frage. Im Jahre 1945 haben die Amerikaner Crays & Buckley im Auftrag des amerikanischen Erdölinstituts umfangreiche Beobachtungen dieser Art angestellt. Sie bearbeiteten das vorhandene Material von 103 Erdölfeldern der USA, vornehmlich aus Texas, und kamen zu dem Ergebnis, daß der Ölabgabekoeffizient von der Dichte des Bohrnetzes nicht beeinflußt wird.

Kurz darauf zog der Amerikaner Muskat nach ähnlicher Berechnung auf der Grundlage von 108 Erdölfeldern zwar etwas vorsichtigere, aber dennoch ähnliche Schlußfolgerungen.

Eine Gruppe sowjetischer Wissenschaftler unter der Leitung von W. N. Schelkatschow überprüfte die vorliegenden Materialien und daraus gefolgerten Schlüsse unter der Einbeziehung weiterer Ergebnisse und unter Eliminierung unsicherer Faktoren. Es wurden dabei alle erreichbaren Unterlagen über den Abbau der Erdölfelder von Texas nach dem Stand vom 1. 1. 1952 zusammengetragen.

Texas ist das wichtigste Gebiet in der Erdölproduktion der USA und eines der größten Erdölzentren der Welt.

[1]) Aus: „Geologija nefti i gasa", H. 5, 1961.
Originaltitel: Die Abhängigkeit des Ölabgabekoeffizienten von der Dichte des Bohrnetzes. – Übers.: K. Goldbecher

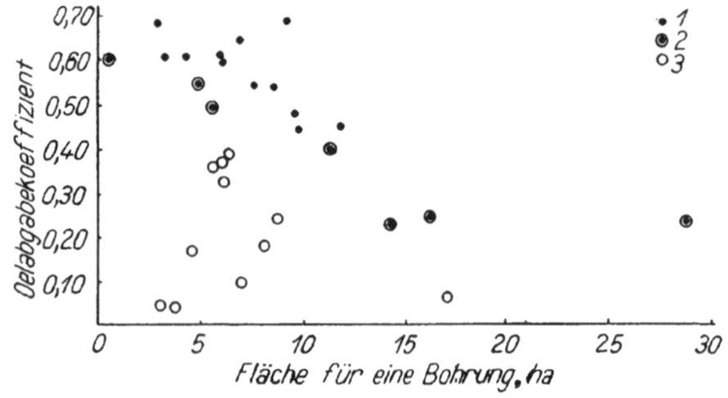

Abb. 1. — Abhängigkeit des Ölabgabekoeffizienten von der Dichte des Bohrnetzes für die erschöpften produktiven Horizonte von Texas

Speicher: 1 — erste, 2 — zweite, 3 — dritte Gruppe

Seine Bedeutung kommt in folgenden Zahlen und Werten zum Ausdruck:

Im Laufe der letzten Jahre betrug die Jahresförderung von Texas ungefähr 40% der Erdölförderung der USA. Die Gesamtmenge des Erdöls, die in den am 1. 1. 1952 aufgeschlossenen 4396 Lagerstätten von Texas bis zu Beginn des Abbaus vorhanden war, betrug 15 Mrd. m^3. Bis zum 1. 1. 1952 waren davon nur 2,353 Mrd. m^3 gefördert. Die restlichen wirtschaftlichen Erdölvorräte von Texas am 1. 1. 1952 betrugen 4,165 Mrd. m^3, davon sind 2,495 Mrd. m^3 (ca. 60%) die primär gewinnbaren Vorräte und 1,670 Mrd. m^3 die sekundär gewinnbaren Vorräte. Sind die gesamten wirtschaftlichen Erdölvorräte von Texas gewonnen, beträgt die geförderte Erdölmenge 6,256 Mrd. m^3. Als nichtgewinnbare Vorräte verbleiben 8,492 Mrd. m^3; das ist 1,256 Mrd. m^3 mehr als die von Beginn der Erdölförderung bis zum 1. 1. 1952 in den USA gewonnene Erdölmenge.

Geologisch gehören die dortigen Lagerstätten zwei unterschiedlich aufgebauten Erdölprovinzen an: 1. dem Midkontinent, 2. der Golfprovinz. In der Midkontinentprovinz finden sich die Erdölansammlungen im wesentlichen in paläozoischen Ablagerungen, in der Golfprovinz in meso-känozoischen Sedimenten. Insgesamt gesehen sind die Erdölgebiete von Texas durch sehr unterschiedliche Typen von Fallen und Speichergesteinen, in denen wirtschaftliche Erdölansammlungen vorhanden sind, charakterisiert.

Die sowjetischen Untersuchungen gingen aus von der genauen Festlegung des „erwarteten mittleren Ölabgabekoeffizienten" jedes produktiven Horizonts. Dieser Berechnung schloß sich ein Vergleich der festgestellten mittleren Ölabgabekoeffizienten mit der mittleren Dichte des Bohrnetzes in den einzelnen Erdölfeldern für jeden einzelnen produktiven Horizont an.

Man ging dabei mit aller gebotenen Vorsicht ans Werk und zog nur solche Horizonte in die Berechnung ein, in denen die Förderung mehr als 50% (in der Mehrzahl 60—70%) der initialen Erdölvorräte mit Stichtag 1. 1. 1952 ausmachte. Auf diese Art kamen 48 klar fixierbare Horizonte aus mehreren hundert Erdölfeldern in die engere Wahl.

Nach Eliminierung weiterer unklarer Faktoren, speziell bezüglich der Parameter der zur Berechnung stehenden Speicher, blieben für die abschließende Analyse nur noch 30 Horizonte auf insgesamt 206 Erdölfeldern übrig. Allein aus diesen Zahlen schon wird ersichtlich, daß die sowjetische Gruppe über weit vollständigere Unterlagen verfügte als CRAYS, BUCKLEY und MUSKAT.

Die Speicher wurden nach lithologischen Gesichtspunkten in drei Gruppen unterteilt:

1. poröse und aushaltende Speicher (sandige Speicher);
2. klüftige Speicher (Kalksteine, Dolomite und Caprock);
3. feste und nichtaushaltende Speicher (stark zementierte oder linsenförmige Sandsteine und kompakte Karbonate, deren Produktivität im wesentlichen von ihrer lokalen Ausdehnung oder von darin lokal vorkommenden Poren und Klüften abhängt).

Die ersten Untersuchungsergebnisse wurden in einer Tabelle übersichtlich zusammengestellt. Dabei fällt

a) das Schwanken der Ölabgabe von 4 bis 68,9%,

b) das Schwanken der mittleren Dichte des Bohrnetzes von 0,6 bis 17,1 ha auf.

Zur genaueren Untersuchung des Problems wurde das Schema Abb. 1 entworfen, in dem jeder Punkt die Ölabgabe und die mittlere Dichte des Bohrnetzes erkennen läßt. Daraus resultieren folgende Gesetzmäßigkeiten:

1. Der Ölabgabekoeffizient ist für die erste Gruppe von Speichern (sandig) höher als für die zweite (klüftig) und dritte (lithologisch veränderlich), bei klüftigen wiederum höher als bei lithologisch veränderlichen Speichergesteinen.

2. In der ersten und zweiten Gruppe von Speichern drückt sich eine deutliche statistische Abhängigkeit des Ölabgabekoeffizienten von der Dichte des Bohrnetzes derart aus, daß mit einer Vermehrung der Bohrungen auch die Ölabgabe steigt.

3. Die aus dem Rahmen fallenden Punkte mit niedrigem Ölabgabekoeffizienten können nicht immer zufriedenstellend erläutert werden. In der Mehrzahl handelt es sich um Speicher der Gruppe drei, die häufig weniger als 0,5% der gesamten geologischen Vorräte der Gruppen eins und zwei darstellen.

Abb. 2 veranschaulicht speziell die angeschnittenen Probleme für Speicher der Gruppe eins. Schlußfolgerungen hieraus:

1. Die mittlere Dichte der Bohrungen schwankt von 2,8—11,8 ha auf eine Bohrung. Der mittlere Ölabgabekoeffizient verändert sich hierbei von 0,689—0,447. Deutlich ist die Tendenz zu erkennen, daß mit der Verringerung der Dichte der Bohrungen der Ölabgabekoeffizient kleiner wird.

2. Ungeachtet der Streuung der Punkte, bedingt durch die statistische Bearbeitung der Ergebnisse, ist auf der Abbildung die enge Verbindung zwischen den einzelnen veränderlichen Größen ersichtlich. Diese Verbindung bestimmt den Korrelationskoeffizienten 0,73.

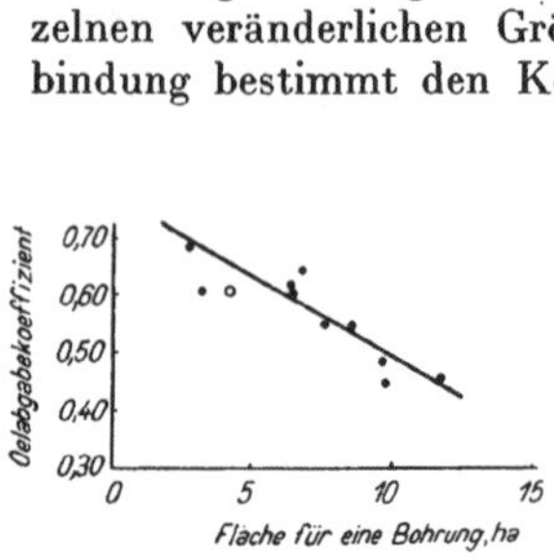

Abb. 2. Abhängigkeit des Ölabgabekoeffizienten von der Dichte des Bohrnetzes für die erschöpften produktiven Horizonte in aushaltend porösen Speichern

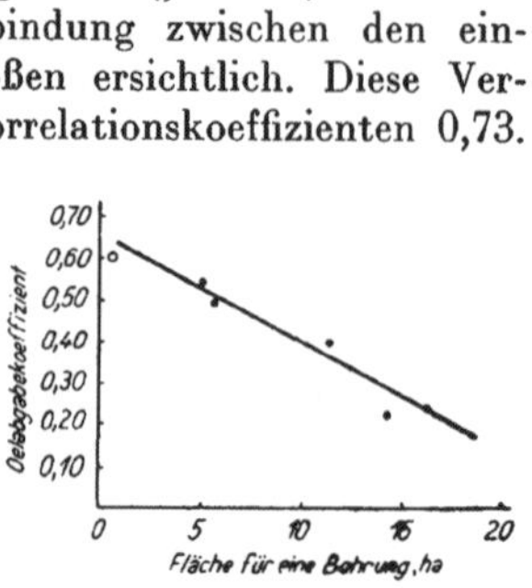

Abb. 3. Abhängigkeit des Ölabgabekoeffizienten von der Dichte des Bohrnetzes für die erschöpften produktiven Horizonte in einem aushaltend klüftigen Speicher

Gebiet		Produktiver Horizont	Lithologische Charakteristik des Speichers [1])	Speicher-gruppe	Geologische Erdölvorräte Barrel	Gesamtförderung (bis 1. 1. 1952) a Barrel	Gesamtförderung (bis 1. 1. 1952) b % zu den geologischen Vorräten	Restförderung (primär und sekundär) Barrel	Angenommene Gesamt-förderung Barrel	Angenommener Ölabgabe-koeffizient	Anzahl der in Förderung befindlichen Lagerstätten	Mittlere Dichte der Verteilung der Bohrungen ha/Bohrung
D–1	1	Austin	Kr., n. Sp.	3	121213000	32032444	26,4	11219693	43252137	0,357	20	5,6
	2	Serpentine	Ser., a. k. Sp.	2	52494000	23780710	45,3	4717100	28497810	0,543	18	4,9
	3	Buda	Ka., n. Sp.	3	1344000	44145	3,3	11000	55145	0,041	2	3,0
	4	Edwards	Ka., a. k. Sp.	2	534951020	201200173	37,6	61450128	262650301	0,491	9	5,6
D–2	5	Catahoula	Sd., a. p. Sp.	1	79719115	22298902	28,0	21210084	43508986	0,546	10	7,6
	6	Jackson	Sd., n. Sp.	3	12339190	2064414	16,7	1963063	4027477	0,326	1	6,1
	7	Jegua	Sd., a. p. Sp.	1	107059941	37972056	35,5	12627609	50599665	0,455	11	11,8
D–3	8	Caprock	Cp., a. k. Sp.	2	168247916	76815414	45,7	23906753	100722167	0,599	5	0,6
	9	Catahoula	Sd., a. p. Sp.	1	10023333	5866666	58,5	950179	6816666	0,680	1	2,8
	10	Discorbis	Sd., a. p. Sp.	1	5000000	1835116	36,7	1193581	3028697	0,606	1	3,2
	11	Vicksburg	Sd., a. p. Sp.	1	166753334	56532448	33,9	46023036	102555484	0,615	1	6,4
D–4	12	Mocene	Sd., a. p. Sp.	1	27669535	14030267	50,7	3777878	17808145	0,644	3	6,9
	13	Catahoula	Sd., a. p. Sp.	1	117436041	38128895	32,5	25463412	63592307	0,541	11	8,9
	14	Jackson	Sd., Sch., n. Sp.	3	1616197819	329553707	20,4	295252438	624806145	0,387	25	6,4
	15	McElroy [2])	Sd., Sch., n. Sp.	3	1136775049	231762020	20,4	185154165	416916185	0,367	5	6,0
	16	Jequa	Sd., a. p. Sp.	1	206555350	53699820	26,0	38609419	92309239	0,447	13	9,8
D–5	17	Woodbine	Sd., a. p. Sp.	1	1383109000	504526500	36,5	334603803	839130303	0,607	17	6,5
	18	Washita	Sd., n. Sp.	3	760000	118896	15,6	8507	127403	0,168	5	4,7
	19	Walnut	Sd., n. Sp.	3	4000000	136117	3,4	113883	250000	0,063	1	17,1
	20	Paluxy	Sd., a. p. Sp.	1	55193000	20525113	37,2	17491887	38017000	0,689	4	9,1
	21	Pettit	Sd., a. k. Sp.	2	3313000	524485	15,8	228847	753332	0,227	2	14,2
	22	Travis Peak	Sd., n. Sp.	3	2154000	145744	6,8	55394	201138	0,093	2	6,9
D–6	23	Weches	Sd., n. Sp.	3	2500000	435126	17,4	0	435126	0,174	1	8,1
	24	Queen City	Sd., n. Sp.	3	802500	21684	2,7	10663	32347	0,040	2	3,7
	25	Carrizzo	Sd., a. p. Sp.	1	8860000	3174635	35,8	2177365	5352000	0,604	2	4,2
	26	Navarro	Sd., n. Sp.	3	21550834	3320515	15,4	1879286	5199801	0,241	4	8,7
	27	Paluxy	Sd., a. p. Sp.	1	666086700	164651395	24,7	157885811	322537206	0,484	11	9,6
D–7c	28	San Andres	Ka., a. k. Sp.	2	101750000	25649361	25,2	15056777	40706138	0,400	9	11,3
	29	Spraberry	Ka., a. k. Sp.	2	11250000	1679596	14,9	941777	2621373	0,233	5	28,7
D–8	30	Mississippian	Dol., a. k. Sp.	2	990000	158963	16,1	84533	243496	0,246	5	16,2

[1]) Kr. = Kreide, Ser. = Serpentin, Ka. = Kalkstein, Sd. = Sandstein, Cp. = Caprock, Dol. = Dolomit, Sch. = Schiefer; n. Sp. = nichtaushaltender Speicher, a. k. Sp. = aushaltender klüftiger Speicher, a. p. Sp. = aushaltender poröser Speicher.

[2]) Der Horizont McElroy ist ein Teil der Schichtenfolge des Jackson.

Abb. 3 veranschaulicht das gleiche Problem für die Speichergesteine der Gruppe zwei mit folgendem Ergebnis:

1. Die mittlere Dichte der Bohrungen schwankt von 0,6—16,2 ha. Dabei verändert sich der mittlere Ölabgabekoeffizient von 0,599—0,227. Hierbei ist die Tendenz zur Verringerung des Ölabgabekoeffizienten bei größeren Bohrlochabständen noch deutlicher ausgeprägt.
2. Der Korrelationskoeffizient 0,89 spiegelt eine sehr enge Verbindung der einzelnen veränderlichen Größen wider.

Schlußfolgerungen

1. Man darf nicht annehmen, daß bei einem beliebigen Bohrnetz ein und derselbe, schon gar nicht der erwünschte, Ölabgabekoeffizient erwartet werden kann.
2. Ausgehend von den erhaltenen Angaben, darf nicht immer das Bestreben bestehen, ein dichtes Bohrnetz niederzubringen. Durch das Anwenden von Sekundärmaßnahmen kann man den gleichen Ölabgabekoeffizienten erreichen wie durch ein dichtes Bohrnetz ohne Methoden zur Erhaltung des Schichtdruckes.
3. Ein größerer Abstand zwischen den Bohrungen bei gleichzeitiger Anwendung von Methoden zur Erhaltung des Schichtdruckes muß ergänzt werden durch eine Berechnung des möglichen Ölabgabekoeffizienten unter Berücksichtigung ökonomischer Gesichtspunkte und volkswirtschaftlicher Interessen, da nicht ein beliebiges Bohrnetz den geplanten Ölabgabekoeffizienten gewährleistet.

Zur Frage der Definition und der Aufgaben geologischer Arbeiten in Abhängigkeit vom Untersuchungsstadium*)

GERHARD TISCHENDORF, GÜNTER DÖRNFELD, MANFRED KRAFT & ERICH LEWIEN, Berlin

(Mitteilung aus dem Zentralen Geologischen Institut der Staatlichen Geologischen Kommission)

Diese Veröffentlichung stellt eine Fortsetzung der von STOCK, REH, VOGEL, KAUTZSCH, RICHTER u. a. angeregten Diskussion über das gleiche Thema dar. Eine endgültige Regelung der Definition einzelner Untersuchungsstadien durch eine Festlegung der StGK unter Einbeziehung aller wichtigen Diskussionshinweise ist bereits in Vorbereitung.

Die Redaktion

Eine vor kurzer Zeit von KAUTZSCH & RICHTER (1961) vorgelegte Veröffentlichung der Zentralen Vorratskommission geht auf das Problem der Vorgabe von Richtwerten und Konditionen zur Aufnahme bestimmter geologischer Arbeiten in Abhängigkeit von einzelnen Untersuchungsstadien ein. Die Verf. kommen hierbei zu dem Schluß, zur Aufnahme von Sucharbeiten und Arbeiten im Stadium der Vorerkundung die an Lagerstätte und Rohstoff zu stellenden Bedingungen (Konditionen) nur in Form von allgemein gehaltenen Richtwerten vorzugeben, da vor der Aufnahme von Arbeiten in diesen Stadien die konkreten Lagerstättenverhältnisse noch nicht genügend bekannt sind. Diesen Festlegungen wird zugestimmt. Kein Einverständnis besteht mit einigen Punkten der in der genannten Veröffentlichung niedergelegten Einteilung und Begriffsbestimmung der „Erkundungsstadien". Auch kann man mit einigen Festlegungen über die im Verlauf der einzelnen „Erkundungsstadien" zu erwartenden Arbeitsergebnisse nicht übereinstimmen.

Bemerkungen zu den Ausführungen von KAUTZSCH & RICHTER

KAUTZSCH & RICHTER schlagen vor, „die geologische Erkundung (im weiteren Sinne)" zu unterteilen in

„Allgemeine Lagerstättenforschung

	↗ Sucharbeiten
Geologische Erkundung (im engeren Sinne)	← Vorerkundung
	↘ eingehende Erkundung[1])

Betriebliche Erkundungen[2])

[1]) Objekterkundung
[2]) Nacherkundung"
*) Eingang des Manuskripts in der Redaktion: 5. 1. 1962.

Wir halten einige Begriffsbestimmungen für nicht glücklich gewählt und die Einteilung selbst für nicht genügend klar.

Der Begriff „Lagerstättenforschung" ist so umfassend und geht über den hier angedeuteten Umfang weit hinaus, so daß er für eine Abgrenzung gegenüber anderen Stadien geologischer Arbeiten nicht brauchbar ist. Durch den Zusatz „allgemein" wird er nicht eingeschränkt, sondern erweitert. Neben der „allgemeinen Lagerstättenforschung" erwartet man den Begriff der „speziellen Lagerstättenforschung". Dieser Terminus wird aber nicht verwandt. Statt dessen folgt die Bezeichnung „geologische Erkundung". Der Zusatz „geologisch" ist überflüssig, da in diesem Zusammenhang keine „andere" Erkundung gemeint sein kann.

„Sucharbeiten" zählen nach KAUTZSCH & RICHTER zur „geologischen Erkundung (im engeren Sinne)". Wie von ihnen ausgeführt wird, können nach der Durchführung von Sucharbeiten „in der Regel prognostische Vorräte der Untergruppe δ_1, in besonderen Fällen Vorräte der Klasse C_2 ausgewiesen werden". Prognostische Vorräte rechnen aber nach dem neuen Klassifikationsentwurf (1961) zu den „nichterkundeten" Vorräten. Warum will man mit „geologischer Erkundung (im engeren Sinne)" Vorräte nachweisen, die zu den „nichterkundeten" gerechnet werden?

Als letzte Etappe der „geologischen Erkundung (im weiteren Sinne)" verwenden KAUTZSCH & RICHTER in ihrem Schema die Bezeichnung „betriebliche Erkundung". In einer Fußnote wird darauf hingewiesen, daß hierfür auch das Wort „Nacherkundung" Verwendung finden kann. Im nachfolgenden Text wird aber nur noch von „Nacherkundung" geschrieben. Man kann von der Wortbildung her erwarten, daß die Begriffe „Vorerkundung" und „Nacherkundung" gleichwertig behandelt werden. Das ist aber nicht der Fall. Die Formulierung „Nacherkundung" ist zudem unzutreffend, weil sie keine Tätigkeit bezeichnet, die nach der Erkundung im eigentlichen Sinne des Wortes durchgeführt wird. Dieser Ausdruck soll die Endetappe der Erkundung kennzeichnen. Hierfür hat sich aber bereits die Bezeichnung „Betriebserkundung" eingebürgert.

Der Gebrauch des Begriffes „allgemeine Lagerstättenforschung" als erstes Stadium der „geologischen Erkundung (im weiteren Sinne)" birgt die Gefahr eines Rückfalles in die bis etwa 1958 geübte Praxis der Staatlichen Geologischen Kommission in sich. Bis zu diesem Zeitpunkt schufen die Organe der Lagerstättenerkundung ihren Arbeitsvorlauf selbst, weitgehend losgelöst und unabhängig von der Kartierung. Die kartierenden Geologen führten zwar die speziellen geologischen (stratigraphischen, paläontologischen, petrographischen, tektonischen) Untersuchungen aus, bewerteten aber die gefundenen direkten und indirekten Hinweise auf nutzbare Rohstoffe und Lagerstätten nur ungenügend und zogen aus den Erkenntnissen über den geologischen Bau eines Gebietes und seiner Entwicklungsgeschichte nur selten lagerstättenkundliche Schlußfolgerungen.

Es hat in den letzten Jahren nicht an Arbeiten zur Charakterisierung, Definition und Einteilung von Erkundungsarbeiten gemangelt. Wir verweisen z. B. auf die Ausführungen von REH (1955), STOCK (1956), VOGEL (1956) und KAUTZSCH (1959). Diese Ausführungen blieben z. T. nicht unwidersprochen. Es sei nur an die Diskussionstagung der Erkundungsgeologen des ehemaligen Zentralen Geologischen Dienstes im November 1960 erinnert (TISCHENDORF 1961a), an die kurzen Bemerkungen von TISCHENDORF in einem weiteren Aufsatz (1961b) und an die Hinweise von DÖRNFELD (1961). Bei diesen Gelegenheiten wurde auf die Notwendigkeit verwiesen, die Kartierung als Grundlage für die geologische Erforschung eines Gebietes (entsprechend unseren Verhältnissen vor allem des tieferen Untergrundes) und für die Feststellung der Gesetzmäßigkeiten in der Verbreitung nutzbarer Minerale als erstes Stadium in den Komplex der Arbeiten bei der Suche nach Lagerstätten einzubeziehen. Eine ähnliche Auffassung vertritt neuerdings auch REINHOLD (1961).

Auf diese neue Orientierung der Kartierungsarbeiten und auf die Notwendigkeit einer engen Zusammenarbeit zwischen Kartierung und Lagerstättenerkundung für das Erreichen eines Vorlaufs in der Lagerstättenerkundung wurde von einigen Geologen schon in den Jahren 1959 und 1960 mit Nachdruck hingewiesen. Die Richtigkeit dieses Verfahrens hat sich bereits an einigen Beispielen bestätigt. So wurden sowohl neue Funde von Eisenerzanreicherungen in Ostbrandenburg, in der Lausitz, im Bereich des Gardelegener Abbruches und an der Ostseeküste als auch von erzführendem Kupferschiefer im Raum Weißwasser und Südbrandenburg im Verlaufe von Kartierungsarbeiten gemacht. Den Nachweis der Erdölführung der Struktur Reinkenhagen und der Erdgasführung der Struktur Staakow sowie der Eisenerzhöffigkeit im Raum Lychen erbrachten Basisbohrungen. Es steht außer Zweifel, daß sich in Zukunft, wenn die Suche nach Lagerstätten konsequenter als bisher im Rahmen von Kartierungsarbeiten vorbereitet und teils auch aufgenommen wird, noch weitere derartige Erfolge einstellen werden, und zwar schneller und billiger als durch die vor 1958 geübte Praxis.

Auf die seit 1958 in vielen Fällen eingetretene Wandlung in der Zielsetzung unserer Kartierungsarbeiten gehen KAUTZSCH & RICHTER nicht ein. Statt dessen wird der Standpunkt von KAUTZSCH (1959) bezogen, der schon damals als erstes Stadium geologischer Untersuchungen eine „Allgemeine geologische Lagerstättenforschung" forderte, die Arbeiten einer „geologischen Lagerstättenkartierung" in diesen Komplex einbezog und so bereits im ersten Stadium das Objekt „Lagerstätte" in den Mittelpunkt der Untersuchungen stellte.

Wir haben schon früher (TISCHENDORF 1961b) das Verfahren, bei dem die kartierenden Geologen „kartieren", spezielle geologische Untersuchungen durchführen, aber keine, die auf die Suche nach Lagerstätten gerichtet sind, während die Erkundungsgeologen „erkunden" und mit ihren Arbeiten praktisch von vorn beginnen, für unökonomisch und falsch erklärt. Ein Festhalten an dieser Arbeitsweise bedeutet zudem eine Unterschätzung der Fähigkeiten unserer kartierenden Geologen und ergibt eine Verzettelung unserer Kräfte. Es ist aber gleichfalls wenig zweckmäßig (KAUTZSCH 1959), von Anbeginn jeglicher Untersuchungsarbeiten, d. h. also von Anbeginn des Stadiums der Kartierung, ausschließlich die „Lagerstätte" in das Blickfeld der Untersuchungen zu stellen und so, ohne genügende Kenntnis der allgemeinen geologischen Gesetzmäßigkeiten des betreffenden Gebietes, die „Kartierung" bzw. „Erkundung" von Lagerstätten vorzunehmen.

Die Aufgaben von Kartierungs- und Erkundungsarbeiten

Ausgehend von unseren Ergebnissen in der Kartierung und Erkundung und unter Berücksichtigung sowjetischer Erfahrungen, müssen geologische Untersuchungen so durchgeführt werden, daß sie das allgemeine Ziel, das dem Menschen zugängige Gebiet der Erdkruste mit seinen Elementanreicherungen der Gesellschaft nutzbar zu machen, ständig im Auge behalten. Dabei verfährt man zweckmäßigerweise so, daß zuerst in größeren Gebieten mehr allgemeine, umfassendere, häufig recht extensive, weitmaschige Untersuchungen durchgeführt werden. Während dieser Arbeiten ist bereits die Aufmerksamkeit auf das Auftreten nutzbarer Minerale aller Art zu richten. Nach ersten Teilergebnissen werden in höffigen, schon umgrenzten Gebieten spezielle, gewöhnlich auf ein Mineral oder wenige Minerale beschränkte, meist intensive, engmaschige Arbeiten angesetzt. Im Verlaufe der einzelnen Untersuchungen geht man dabei von klein- zu großmaßstäblichen Arbeiten über.

Da im Verlauf der Arbeiten der Aufwand an technischen und finanziellen Mitteln zunimmt, ergibt sich die Notwendigkeit, die Untersuchungen in einzelnen Stadien durchzuführen. Die Aufnahme von Arbeiten des nächst intensiveren Stadiums mit höherem Aufwand leitet ihre Begründung von den Ergebnissen der vorangegangenen Untersuchungen ab. Wenn das Ziel vorangegangener Untersuchungen nicht erreicht wurde, sind weitere Arbeiten sinnlos.

Die einzelnen Untersuchungsstadien sind in manchen Fällen nicht streng voneinander zu trennen, sondern besitzen Übergänge. Ihre gegenseitige Begrenzung ist bedingt durch die den Stadien zugeordneten Aufgaben und den Ergebnissen. Die Abgrenzung hat sich aus der Erfahrung ergeben und ist zur Kontrolle der Effektivität der durchgeführten Untersuchungen am Ende der einzelnen Stadien notwendig.

Die durch ihre Zielsetzung, den technischen Aufwand und die Intensität der Bearbeitung des anfallenden Materials abgrenzbaren Stadien der geologischen Untersuchungen eines Gebietes und seiner Lagerstätten werden als Kartierung, Sucharbeiten, Vorerkundung und Objekterkundung bezeichnet (s. Tab.)[1]).

Als Prinzip der Einteilung in einzelne Untersuchungsstadien benutzen wir das Ziel der Untersuchungen, d. h. den zu erreichenden Kenntnisstand über ein Gebiet bzw. über seine Lagerstätten. Dabei tritt als wesentlicher Faktor der Nachweis von Vorräten bestimmter Gruppen bzw. Klassen auf. Das Stadium der Kartierung umfaßt die erste Untersuchung eines Gebietes. Diese schließt mit der Angabe höffiger Räume ab. Daraufhin angesetzte Sucharbeiten enden mit der Berechnung prognostischer Vorräte. Im Verlauf der Stadien der Vorerkundung und der Objekterkundung werden Lagerstätten erkundet, ihre Vorräte berechnet und bilanziert.

Untersuchungen im Stadium der Kartierung

Kartierungsarbeiten werden in Gebieten angesetzt, in denen in der Regel die geologischen Verhältnisse der Oberfläche wenig, die Verhältnisse des tieferen Untergrundes wenig oder gar nicht bekannt sind. Im Gegensatz zu völlig unerforschten Gebieten liegen auf dem Territorium der DDR vor Beginn dieses ersten Untersuchungsstadiums bereits mehr oder weniger exakte, meist auf die Erdoberfläche oder auf die obersten Horizonte beschränkte, geologische Ergebnisse vor. Die Aufgabe der geologischen Kartierung in der DDR besteht heute vor allem in der Erforschung des Untergrundes im Hinblick auf eine Einschätzung der Lagerstättenhöffigkeit, bezogen auf alle mineralischen Rohstoffe, mindestens bis in eine durch moderne, technisch-ökonomische Kennziffern des Bergbaus gegebene Teufe. Der kartierende Geologe muß hierbei diejenigen geophysikalischen, geologischen und bohrtechnischen Arbeiten veranlassen, die notwendig sind, um der Diskrepanz zwischen der Erkenntnis der oft bereits im großen Maßstab vorliegenden älteren geologischen Kartierung der Erdoberfläche und der Unkenntnis der geologischen Verhältnisse in Teufen über 50 m wirksam zu begegnen.

Neben speziellen Aufgaben zur Lösung ingenieurgeologischer, hydrogeologischer, bodengeologischer, auch bestimmter tektonischer, petrographischer und lagerstättengenetischer Probleme (Oberflächenuntersuchung) hat die Kartierung (in unserem Fall vor allem die Tiefenkartierung) die Aufgabe, die vollständige Untersuchung des stratigraphischen Profils durchzuführen, den geologischen Bau des Gebietes und seine Entwicklungsgeschichte zu klären und lagerstättenhöffige Räume festzulegen.

Während dieses Stadiums kommen verschiedene geophysikalische Untersuchungsmethoden zum Einsatz. Ein Teil von ihnen muß dem Ansatz der eigentlichen technischen Mittel der Kartierung (Bohrungen) vorausgehen. In überdeckten Gebieten, bei denen besonders der geologische Bau und die Perspektiven des Untergrundes untersucht werden müssen, nehmen die geophysikalischen Methoden einen führenden Platz ein.

Es ist zweckmäßig, vor dem Ansatz von Kartierungsbohrungen geophysikalische Untersuchungen auf Basisprofilen und regionale geophysikalische Aufnahmen im Maßstab 1:200000 durchzuführen. Diese regionalen Arbeiten vermitteln allgemeine Vorstellungen über den geologischen Bau eines Gebietes. In der Sowjetunion werden dabei seismische, gravimetrische, elektrische und magnetische Untersuchungen auf Profilen im Abstand von 40—80 km durchgeführt (JEREMIN u. a. 1960). Die Profile liegen quer zum Streichen der Hauptstrukturen. Auf ihnen können spezielle Parameterbohrungen niedergebracht werden. Nach Auswertung dieser Untersuchungen wird ein Arbeitsprogramm über die Erforschung des geologischen Baus in verschiedenen Tiefen zusammengestellt.

Während des Kartierungsbohrprogramms laufen geophysikalische Arbeiten für flächenhafte Untersuchungen. Nach der Lösung allgemeiner Fragen des geologischen Baus und der gesetzmäßigen Verteilung nutzbarer Bodenschätze wird mit Hilfe geophysikalischer Verfahren in der Regel die direkte Suche nach Lagerstätten aufgenommen.

Im Stadium der Kartierung werden künstliche geologische Aufschlüsse meist durch Bohrungen, in geringerem Ausmaß auch durch Schürfe, jedoch nicht durch bergmännische Arbeiten geschaffen. Die in diesem Stadium abgeteuften Bohrungen heißen „Kartierungsbohrungen". Nach ihrer Aufgabenstellung unterscheiden wir dabei „Basisbohrungen", „Kartierungsbohrungen im engeren Sinne" und „Parameterbohrungen".

Die Basisbohrungen klären regionale Probleme. Sie werden in der Regel bis zum Fundament des betreffenden Gebietes niedergebracht. Ihre Aufgabe ist es, eine genaue stratigraphische, lithologisch-fazielle, tektonische und lagerstättenkundliche Untersuchung der durchteuften Gesteine zu ermöglichen. Die wissenschaftliche Bearbeitung erfolgt umfassend. Dementsprechend müssen für den überwiegenden Teil des Profils, mindestens aber für 70%, Kernstrecken projektiert werden. Da es unökonomisch ist, mit Bohrungen, die Tiefen über 2500 m erreichen sollen, in den ersten 1200—1500 m zu kernen, übernehmen Vorbohrungen die Kerngewinnung bis zu diesen Teufen. Basisbohrungen erfahren eine komplette geophysikalische Bohrlochvermessung. Weiterhin sind gründliche hydrogeologische Untersuchungen der durchteuften Horizonte vorzusehen. Die Anzahl der niedergebrachten Basisbohrungen ist relativ gering. Jede Bohrung wird einzeln projektiert und vom Geologischen Rat der Staatlichen Geologischen Kommission genehmigt. Vor dem gleichen Gremium erfolgt auch die Bestätigung des Ergebnisberichtes.

Kartierungsbohrungen (im engeren Sinne) sind der Zahl nach der häufigste Typ von Bohrungen in geologisch unbekannten Gebieten. Sie erreichen im Durchschnitt Teufen von 300—600 m, können aber auch flacher oder tiefer sein. Ihr Ansatz erfolgt in den meisten Fällen auf Grund vorangegangener geophysikalischer Untersuchungen.

Kartierungsbohrungen (im engeren Sinne) haben gleichfalls die Aufgabe, das durchteufte Profil vollständig zu

[1]) Der Begriff „Objekterkundung" hat sich zwar eingebürgert, ist aber sprachlich nicht richtig, da es auch Kartierungsobjekte gibt, Vorerkundungsobjekte u. a. Vielleicht sollte man als Bezeichnung für dieses Stadium „Eingehende Erkundung" wählen oder besser einfach „Erkundung".

Schema über Reihenfolge und Ziel geologischer Untersuchungen im Bereich der Staatlichen Geologischen Kommission und der bergbautreibenden VVB

Stadium	Kartierung	Sucharbeiten	Vorerkundung	Objekterkundung	Betriebserkundung
Anzuwendende technische Mittel					
1. Bohrarbeiten	Kartierungsbohrungen (Basisbohrungen, Kartierungsbohrungen im engeren Sinne, Parameterbohrungen)	Suchbohrungen	Vorerkundungsbohrungen	Objekterkundungsbohrungen	Betriebserkundungsbohrungen
2. Bergmännische Arbeiten	Schürfe	Schürfe (Untertagearbeiten)	Schürfe Untertagearbeiten	(Schürfe) Untertagearbeiten	Anlage eines Tagebaus, Untertagearbeiten
Anzuwendende geologische Untersuchungmethoden im Feld und im Laboratorium					
1. Geophysik	Regionalvermessungen — Bohrlochmessungen		Spezialvermessungen — Bohrlochmessungen		
2. Geochemie	Vollständige routinemäßige Untersuchungen am Bohrkernmaterial	Anwendung von speziellen Suchmethoden	Spezielle Untersuchungen zur Erfassung der Substanz, zur räumlichen Umgrenzung und zur Genesis der Lagerstätte		
3. Petrographie — Paläontologie — Tektonik	Vollständige Untersuchungen	Ausgewählte Untersuchungen			
Ziel					
1. Anfertigung allgemeiner komplexer geologischer und metallogenetischer Karten	1:500000 bis 1:200000	1:200000 bis 1:25000	1:25000 bis 1:10000	1:25000 bis 1: 2000 (1: 200)	1:10000 bis 1: 200
2. Anfertigung spezieller geologischer Karten, auch hydrogeologischer, ingenieurgeologischer, bodengeologischer u. a.	1:200000 bis 1: 2000				
3. Einschätzung der Höffigkeit und Berechnung von Vorräten	Angabe höffiger Räume, Angabe von prognostischen Vorräten der Untergruppe δ_2	Berechnung von prognostischen Vorräten der Untergruppe δ_1	Berechnung von C_2-(+ C_1-) Vorräten	Berechnung von C_2-, C_1- (+ B-) Vorräten	Berechnung von C_2-, C_1-, B- + A-Vorräten

untersuchen. Sie werden als Kernbohrung durchgeführt und komplett ausgewertet. Geophysikalische Bohrlochmessungen sind unbedingt erforderlich. Kartierungsbohrungen (im engeren Sinne) sind nach Auswertung der regionalen geophysikalischen Meßergebnisse in den Erkundungsbetrieben der Staatlichen Geologischen Kommission zu projektieren. Projekte und Ergebnisberichte werden von den Werkleitern nach Vortrag in den zuständigen Geologischen Räten bestätigt.

Parameterbohrungen sind Kartierungsbohrungen, die in Verbindung mit geophysikalischen Profilen niedergebracht werden und der Interpretation geophysikalischer Daten dienen. Ihre Anzahl richtet sich nach den bereits vorliegenden geophysikalischen und geologischen Erfahrungen in einem Gebiet. Sie werden vom VEB Geophysik projektiert und nach Möglichkeit auch geologisch bearbeitet. Die Kernstrecken richten sich nach den geophysikalischen Erfordernissen. Hierbei sollen Forderungen des zuständigen Erkundungsbetriebes berücksichtigt werden. Deshalb ist vor Beginn der Bohrarbeiten das Projekt dem Erkundungsbetrieb zur Kenntnis zu geben. Seine Bestätigung und die des Ergebnisberichtes erfolgen durch den Wissenschaftlichen Rat des VEB Geophysik.

Als eine wesentliche Methode in der Kartierung kommen geochemische Untersuchungen zur Anwendung. In Gebieten, deren Oberfläche nur wenig oder gar nicht bekannt ist und die aus meist älteren gefalteten Gesteinskomplexen aufgebaut sind, dienen solche Arbeiten über Tage (metallometrische und hydrochemische Untersuchungen) dem schnellen Auffinden von Lagerstätten. Da die geologische Situation der Faltengebirge auf dem Gebiet der DDR durch jahrhundertealten Bergbau in vielen Fällen hinreichend bekannt ist, haben solche geochemischen Übertagemethoden bei uns keine überragende Bedeutung. In Einzelfällen wurden sie allerdings mit gutem Erfolg angewandt, z. B.: Erkundung von hydrosilikatischen Nickelerzen, von selenidführenden Eisenglanz-Karbonat-Gängen, von Schwerspat- und Flußspatgängen und von buntmetallführenden Mineralisationen in permischen Eruptiva. Man wird sich in Zukunft aber nur in geringerem Maße als dies in anderen Ländern der Fall ist, auf diese Methode orientieren. Erfolgversprechender erscheint es uns, besonderes Augenmerk auf eine allseitige geochemische Auswertung sämtlicher Tiefenaufschlüsse, d. h. also vor allem der Kartierungs- und Suchbohrungen, zu legen, um anhand der Verteilung besonders der Elemente Pb, Zn, Cu, Ba, Sr, Co, Ni, Mo, V, B und As, des Sulfid- und Sulfatgehaltes, der Salinität und des Redoxpotentials in den betreffenden Gesteinskomplexen Faziesveränderungen und Dispersionshöfe — epigenetischer und syngenetischer Entstehung — sofort erkennen und verfolgen zu können. Die geochemische Untersuchung von Tiefenaufschlüssen muß als obligatorischer Bestandteil der Auswertung aller im Bereich der DDR durchgeführten

Kartierungsbohrungen angesehen werden (siehe auch KRAFT 1961).

Das Material der Kartierungsbohrungen ist vollständig petrographisch, paläontologisch und tektonisch zu untersuchen. Geschieht dies in unzureichendem Maße, werden möglicherweise wichtige Hinweise übersehen. Dem evtl. nachfolgenden Suchprogramm stehen dann nur unzureichende Daten zur Verfügung, so daß u. U. neue kostspielige Bohrarbeiten notwendig werden.

Im Stadium der Kartierung ist besondere Aufmerksamkeit auf die Klärung von Fragen der stratigraphischen Gliederung und Korrelation sedimentärer Abfolgen, der paläogeographischen, faziellen und paläotektonischen Verhältnisse sowie auf magmatisch-petrogenetische Probleme zu lenken. Bei der Ausführung solcher Arbeiten bestehen nach dem Vorbild anderer Länder auch bei uns noch weit größere Möglichkeiten, Hochschul- und Akademieinstitute in die praktische geologische Forschung einzubeziehen.

Die Ergebnisse der Kartierungsarbeiten, in deren Komplex geophysikalische Untersuchungen, die eigentliche Kartierungstätigkeit, geochemische und petrographische Arbeiten und spezielle thematische Forschungen eingehen, werden in Karten dargestellt.

Bei der Auswertung von Kartierungsarbeiten stellt die geologische Karte der Oberfläche nur einen Teil des Kartenwerkes dar. Für die Erläuterung des geologischen Baus eines Gebietes und seiner Perspektiven in der Tiefe sind weitere Darstellungsformen anzuwenden. Besonderer Wert ist dabei auf Karten ohne verdeckende Bildungen zu legen, auf Mächtigkeitskarten, Isopachenkarten für bestimmte Horizonte und Karten der lithologischen Veränderungen bestimmter Schichten oder eines Schichtenkomplexes. Die Bedeutung solcher Kartenwerke wird in unserer praktischen Arbeit noch unterschätzt. Viele der genannten Karten haben für die Weiterführung regionaler Sucharbeiten nur dann Bedeutung, wenn sie größere Gebiete erfassen. Es muß deshalb in der Kartierungstätigkeit der Erkundungsbetriebe neben der Spezialkartierung im Maßstab 1:25000 in der nächsten Zeit stärker als bisher an der Zusammenstellung geologischer Karten 1:200000 nach der 1958 herausgegebenen und 1960 überarbeiteten Instruktion der Mitgliedsländer des Rates für gegenseitige Wirtschaftshilfe gearbeitet werden.

Die Kartierungsarbeiten sind so zu führen, daß nach ihrer Beendigung Suchkriterien festgelegt und Gebiete für eingehendere Sucharbeiten ausgeschieden werden können. In der Regel ist mit diesen Daten die Vorlage einer kleinmaßstäblichen Prognosekarte und eine Angabe von prognostischen Vorräten der Untergruppe δ_2 möglich (Klassifikationsentwurf 1961). Auf Grundlage dieser Daten wird über die Berechtigung, mit Sucharbeiten fortzufahren, entschieden.

Untersuchungen im Stadium der Sucharbeiten

Sucharbeiten werden in höffigen Räumen durchgeführt. Sie müssen nach Erhalt weiterer geologischer und geochemisch-geophysikalischer Ergebnisse zu Vorstellungen über das wahrscheinliche Ausmaß, die Teufe, den Chemismus und zu Hinweisen über die Genese des gesuchten Rohstoffes führen. Ein wesentliches Merkmal der Arbeiten in diesem Stadium ist ihre Ausrichtung auf ein Mineral oder auf wenige Minerale.

In das Stadium der Sucharbeiten fällt meist die eigentliche „Entdeckung" von Lagerstätten. Solche Entdeckungen werden in zunehmendem Maße das Ergebnis einer Reihe von systematischen, theoretischen und praktischen Untersuchungen kollektiv arbeitender Wissenschaftler und Techniker sein. Beim Abschluß von Sucharbeiten erfolgt in der Regel eine Berechnung über die im Untersuchungsgebiet insgesamt vorhandenen prognostischen Vorräte an Bodenschätzen (Untergruppen δ_1 und δ_2). In Ausnahmefällen kann bei außergewöhnlich günstigen geologischen Verhältnissen (einfache Lagerung, aushaltende Qualität und Mächtigkeit eines Flözes u. a.) nach Beendigung der Sucharbeiten auch schon eine Berechnung von Vorräten der Klasse C_2 möglich sein.

Untersuchungen in diesem Stadium werden wiederum meist durch Bohrungen, in wenigen Fällen durch Schürfe und in Einzelfällen (Suche nach oberflächennahen Lagerstätten) auch durch wenig intensive bergmännische Arbeiten (Schurfschächte u. a.) durchgeführt. Die im Verlauf dieses Untersuchungsstadiums abgeteuften Bohrungen heißen Suchbohrungen.

S u c h b o h r u n g e n nehmen nach festgestellter oder nach Extrapolation wahrscheinlicher Höffigkeit eines Gebietes die Suche nach bestimmten Mineralanreicherungen (Lagerstätten) auf. Das Kernprogramm richtet sich nach den Erfordernissen. Einerseits sind alle durch vorhergehende Bohrungen aus technischen Gründen nicht oder nicht vollständig erfaßten Horizonte zu untersuchen, andererseits muß vor allem auf einen vollständigen Kerngewinn im Bereich der höffigen Horizonte (mit Liegendem und Hangendem) Wert gelegt werden. Solche Bohrungen werden in der Regel nicht als Einzelbohrungen projektiert, sondern im Rahmen von Bohrprogrammen. Die Projekte und die Ergebnisberichte von Suchbohrprogrammen sollen von den Werkleitern nach Behandlung im Geologischen Rat der Erkundungsbetriebe bestätigt werden, wenn ihre Kosten einen bestimmten Wert nicht übersteigen. Andernfalls sollte sie der Geologische Rat der Staatlichen Geologischen Kommission behandeln.

Die im Verlaufe dieses Stadiums anzuwendenden geophysikalischen Untersuchungen sind im wesentlichen die gleichen wie bei den Kartierungsarbeiten. Sie unterscheiden sich von ihnen durch die Intensität und ihre Ausrichtung auf Hinweise von Mineralanreicherungen oder auf bestimmte geologische Körper, an die Lagerstätten gebunden sein können. Um einen unvollständigen und einen nicht teufengerechten Kerngewinn zu kompensieren, ist auf die Anwendung solcher geophysikalischer Methoden Wert zu legen, die einen unmittelbaren oder mittelbaren Nachweis des gesuchten Rohstoffes im Bohrloch gestatten.

Geochemische Untersuchungen tragen den Charakter einer direkten Lagerstättensuche. Dementsprechend erfolgt die Auswahl der zu analysierenden Elemente und Elementkomplexe. Es müssen Nachweismethoden angewandt werden, die eine möglichst hohe Genauigkeit der Gehaltsbestimmung garantieren, zumindest aber sind halbquantitative Spektralanalysen anzufertigen. Wird der gesuchte Rohstoff angetroffen, so sind möglichst vollständige, chemische und physikalische Bestimmungen durchzuführen.

Petrographische und paläontologische Untersuchungen erfolgen in dem für die Suche nach der betreffenden Lagerstätte notwendigen Ausmaß. Besondere Aufmerksamkeit gilt dabei der Zusammenfassung und Interpretation der geochemischen, petrographischen und paläontologischen Untersuchungsergebnisse. Auf die Bestimmung der Gesteinsausbildung und auf den Wechsel in der lithologischen Zusammensetzung im Profil und in der Fläche ist großer Wert zu legen. Aus diesen Daten soll man Schlußfolgerungen über den Fazieswechsel im untersuchten Schichtenkomplex ziehen, die in den meisten Fällen als Erkundungskriterien Anwendung finden können.

Die aus dem Kartierungsstadium vorliegenden kleinmaßstäblichen Karten werden vervollständigt und verfeinert. Die Auswertung aller bei den Kartierungs- und Sucharbeiten erhaltenen Unterlagen ergibt für die einzelnen Lagerstättentypen relativ großmaßstäbliche Prognosekarten. Durch sie wird die Richtung der nachfolgenden Arbeiten bestimmt.

Sind prognostische Vorräte mit bestimmten, von der StGK in Verbindung mit den Fachabteilungen der Staatlichen Plankommission festgelegten Richtwerten (Gehalt, Mächtigkeit, Teufe u. a. Parameter) nachgewiesen, so berechtigen sie zum Ansatz von Arbeiten im Stadium der Vorerkundung.

Untersuchungen in den Stadien Vorerkundung und Objekterkundung

Um das geologische Risiko bei der Aufnahme von Erkundungsarbeiten relativ gering zu halten, muß das entsprechende Projekt, aufbauend auf den bisherigen Ergebnissen, besonders gründlich sein. Die Wahl der Erkundungsmethode hängt im wesentlichen von der Teufe, der Form und der Genesis der Lagerstätte ab.

Arbeiten im Stadium der Vorerkundung führen zu Vorräten der Klasse C_2, in Ausnahmefällen zu C_1-Vorräten. Geologische Untersuchungen sind hierbei in solchem Umfang auszuführen, wie sie von der ZVK in den „Richtlinien über Form und Inhalt von Vorratsberechnungen" (1961), in der „Klassifikation der Lagerstättenvorräte fester mineralischer Rohstoffe" (Vorschlag 1961) und in den „Instruktionen zur Anwendung der Klassifikation zur Berechnung von C_2- bzw. C_1-Vorräten" festgelegt wurden. Wenn es die vorgegebenen Konditionen erlauben, können auf der Basis von C_2- (u. C_1-) Vorräten Arbeiten zur vollständigen Erkundung einer Lagerstätte (Objekterkundung) eingeleitet werden. Im Zuge dieser Untersuchungen werden zusätzlich C_2-Vorräte und in bestimmten Fällen auch B-Vorräte nachgewiesen[2]). Die Intensität der Arbeiten richtet sich ebenfalls nach den Richtlinien der ZVK.

Untersuchungen während der Stadien der Vorerkundung und der Objekterkundung werden gleichfalls zumeist mit Bohrungen durchgeführt. Schürfe haben nur noch geringe, bergmännische Arbeiten, aber zunehmende Bedeutung. Mit den V o r e r k u n d u n g s b o h r u n g e n und O b j e k t e r k u n d u n g s b o h r u n g e n sollen nach Fixierung von prognostischen bzw. C_2-Vorräten die Lagerstättenanzeichen weiter verfolgt und die Konturen der Lagerstätte systematisch festgelegt werden. Das Kernprogramm hat hier vor allem den vollständigen Kerngewinn im Lagerstättenbereich zu berücksichtigen, damit die Parameter zur Vorratsberechnung exakt erfaßt und eingehende petrographisch-fazielle, lagerstättengenetische und evtl. aufbereitungstechnische Untersuchungen durchgeführt werden können. Für die Gewinnung von ausreichendem Lagerstättenmaterial ist bei günstiger technischer Situation die Projektierung einer oder mehrerer Ablenkungen ratsam. Projekte und Ergebnisberichte von Vorerkundungs- und Objekterkundungsprogrammen werden wie die von Sucharbeiten behandelt.

Wie bei den Suchbohrungen, so wird noch mehr bei den Erkundungsbohrungen auf jene speziellen geophysikalischen Untersuchungen Wert gelegt, die eine Bestimmung der Form des Lagerstättenkörpers (Mächtigkeit, streichende und fallende Erstreckung) erlauben. Bei mangelhaftem Kerngewinn sollte eine Kompensation durch geophysikalische Messungen erfolgen.

Zur Erfassung der Lagerstättensubstanz, zur räumlichen Umgrenzung und zur Bestimmung der Genesis der Lagerstätten werden jetzt mehr spezielle geochemische und petrographische Untersuchungen gefordert. Am Ende der Vorerkundungsarbeiten und besonders im Verlaufe der Objekterkundung müssen aufbereitungstechnische und hüttenmännische Untersuchungen zunächst im Labormaßstab, später unter betriebstechnologischen Bedingungen durchgeführt werden. Ihre Ergebnisse entscheiden weitgehend darüber, ob eine erkundete Lagerstätte von der Industrie zur weiteren (Betriebs-)Erkundung und Nutzung übernommen werden kann.

Die Einflußnahme der bergbautreibenden Industrie auf die Erkundungstätigkeit der StGK sollte spätestens mit Aufnahme von Untersuchungen im Stadium der Objekterkundung beginnen. Damit wird, abgesehen von dem noch vorhandenen geologischen Risiko, eine Übereinstimmung zwischen dem Umfang der anzusetzenden Objekterkundung durch die StGK und dem Umfang der späteren Nutzung durch die Industrie herbeigeführt. Insbesondere sollte bei der Wahl des Ansatzpunktes und der Art der Ausführung bergmännischer Aufschlüsse (Schacht, Richtstrecken, Querschläge, Überhauen u. a.) die Möglichkeit ihrer Ausnutzung durch den späteren Bergbaubetrieb Berücksichtigung finden.

Die während der Erkundungsstadien anfallenden Ergebnisse werden in relativ großmaßstäblichen Karten (Lagerstättenarchiv) festgehalten. Wie bei den vorhergehenden Untersuchungsstadien, so wird auch hier das am Ende der Erkundung vorgelegte Kartenmaterial, aus dem die Gesetzmäßigkeiten der Lagerstättenbildung abgelesen werden können, neben der Vorratsberechnung als das wichtigste Erkundungsergebnis angesehen.

Untersuchungen im Stadium der Betriebserkundung

Die Übernahme einer Lagerstätte durch die zuständige bergbautreibende VVB ändert nur wenig an der Aufgabenstellung der weiteren Erkundung. Im Mittelpunkt des Betriebsgeschehens stehen nunmehr die Aus- und Vorrichtung der Lagerstätte, die Überführung der Vorräte in höhere Klassen (B und A) und die Erkundung von weiteren Vorräten (C_1 und C_2) zur Schaffung eines bestimmten Vorratsvorlaufs. Die hierzu notwendigen Aufschlüsse werden durch Betriebserkundungsbohrungen und durch bergmännische Auffahrungen geschaffen. Geophysikalische Arbeiten sollen an der Peripherie der Lagerstätte weitere erzführende Felder nachweisen. Geochemische und petrographische Untersuchungen dienen weiterhin der Erfassung der Lager-

[2]) Bei oberflächennahen Lagerstätten (z. B. Steine und Erden) werden während der Objekterkundung vielfach B- und gelegentlich auch A-Vorräte nachgewiesen.

stättensubstanz. Spurenelementuntersuchungen in einzelnen Mineralien, Untertagekartierungen und spezielle tektonische Untersuchungen tragen zur Klärung der Genesis der Lagerstätte bei und geben die Richtung für weitere Erkundungsarbeiten an. Die bei diesen Arbeiten anfallenden Ergebnisse werden in Monographien niedergelegt. Sie gehen in ausführlicher Form auf die Metallogenie der Lagerstätte oder des gesamten Lagerstättenbezirkes ein. Zusammenfassende Darstellungen dieser Art, verbunden mit Verallgemeinerungen, sind von besonderer Bedeutung. Sie beeinflussen die Vorstellungen über die Genesis benachbarter oder genetisch ähnlicher Lagerstättenbezirke und damit auch die Methode der weiteren Suche und Erkundung.

Schlußfolgerungen

1. Die Kartierung ist bei der Suche nach Lagerstätten das erste Stadium geologischer Untersuchungsarbeiten. Deshalb ist es nicht zweckmäßig, in der Kartierung ausschließlich Geologen mit stratigraphisch-paläontologischer Ausbildung und in der Erkundung ausschließlich Mineralogen mit geochemisch-lagerstättenkundlicher Ausbildung einzusetzen. Der Einsatz von Mineralogen und Geologen ist sowohl bei der Kartierung als auch für die Erkundung vorzusehen, damit in jedem Untersuchungsstadium alle erforderlichen Untersuchungsverfahren angewandt werden können.

2. Geophysikalische, geochemische, petrographische und paläontologische Untersuchungen kennzeichnen kein besonderes Kartierungs- oder Erkundungsstadium (VOGEL 1956). Dies sind Arbeitsmethoden, die mit unterschiedlicher Zielsetzung in allen Stadien geologischer Untersuchungen angewandt werden. Ähnliches gilt für die Herstellung metallogenetischer Karten und von Prognosekarten. Auch ihre Anfertigung ist an kein bestimmtes Untersuchungsstadium geknüpft. Sie spiegeln den Stand der wissenschaftlichen Erkenntnisse des jeweiligen Untersuchungsstadiums wider und werden im weiteren Verlaufe ständig vervollkommnet, verfeinert und präzisiert. Prognosekarten haben nach Beendigung der Sucharbeiten zur Entscheidung über die Arbeitsaufnahme im Stadium der Vorerkundung (und damit der eigentlichen Erkundung von Vorräten) besondere Bedeutung.

3. Das Studium und die Auswertung bereits vorhandener Unterlagen vor Beginn der eigentlichen Kartierungsarbeiten (oder vor Aufnahme von geologischen Arbeiten in anderen Untersuchungsstadien) kann — wie dies z. B. VOGEL (1956) und REINHOLD (1961) anregen — nicht als ein besonderes „Stadium" bezeichnet werden. Sowohl die gründliche Vorbereitung einer geologischen Untersuchung als auch die ebenso gründliche Auswertung gehören ihrem Wesen nach zur Untersuchung selbst. Auf eine sorgfältige Projektierung und auf eine ebenso sorgfältige Anfertigung der Ergebnisberichte ist in jedem Falle und unter allen Umständen größter Wert zu legen. Dabei ist immer zu beachten, daß nicht die Erfüllung des Bohrmeterplans in die materielle Produktion unseres Industriezweiges eingeht, sondern die Erfüllung der geplanten geologischen Untersuchungen, niedergelegt in den Dokumenten von geologischen Karten, Ergebnisberichten und Vorratsberechnungen.

4. Ein wirtschaftlich einwandfreies Arbeiten in der geologischen Untersuchung unseres Landes und in der Erkundung seiner Lagerstätten verlangt, methodisch vorzugehen und die einzelnen Untersuchungsstadien unter ständiger Kontrolle des zu erreichenden Zieles strikt einzuhalten. Erfolgt eine Suche nach Lagerstätten oder gar eine Lagerstättenvorerkundung vorzeitig, d. h., werden bereits Mittel größeren Ausmaßes, gekoppelt mit speziellen Aufgaben, zu einem Zeitpunkt angesetzt, zu dem die erforderlichen geologischen bzw. geophysikalischen Erkenntnisse noch nicht vorliegen, so wird unwissenschaftlich und damit unwirtschaftlich gearbeitet. Dabei kann der Fall eintreten, daß nach bereits durchgeführten speziellen Untersuchungen andere Gesichtspunkte in den Vordergrund rücken und entsprechend neue Untersuchungen angestellt werden müssen.

Der schon seit langem zum Ausdruck gebrachte Hinweis, bei der geologischen Untersuchung eines Gebietes stadienweise vorzugehen, ist bisher in vielen Fällen nur ungenügend beachtet worden. Dies ist offensichtlich ein Mangel, der nicht nur bei uns auftritt. Die im Jahre 1961 wieder aufgegriffene Feststellung ANTROPOWs, daß „die geologischen Erkundungsarbeiten zweckmäßigerweise in einzelne Etappen zu gliedern sind", deutet darauf hin, daß die Diskussion über dieses Thema auch in der Sowjetunion noch nicht völlig beendet ist.

5. In der Periode geologischer Arbeiten von 1951 bis 1958 wurden in der DDR bevorzugt Lagerstätten erkundet, d. h., es erfolgte fast ausschließlich eine Untersuchung jener Gebiete, in denen bereits Bergbau umging oder die durch alten Bergbau lagerstättenhöffig erschienen. Wie anhand der für die geologischen Arbeiten ausgegebenen Mittel deutlich zu ersehen ist (Abb. bei TISCHENDORF 1961b), wurde dabei die Kartierung, d. h. die systematische Erforschung unbekannter Gebiete und besonders die des tieferen Untergrundes, auf dem Gebiet der DDR in diesen Jahren vernachlässigt. Obwohl bereits seit etwa 1959 hierin eine Wendung eingetreten ist, müssen in den nächsten Jahren die Geophysiker, Geologen und Mineralogen in der StGK noch mehr als bisher auf die Arbeiten der ersten Stadien, besonders auf die Kartierung und auf die Suche nach Lagerstätten orientiert werden.

Zusammenfassung

Einleitend wird zu einigen Punkten der Ausführungen von KAUTZSCH & RICHTER (1961) Stellung genommen. Ausgehend von einigen neuen Erfahrungen in der Kartierungspraxis der jüngsten Vergangenheit, folgt eine ausführliche Darstellung der Aufgaben der geologischen Arbeiten in Abhängigkeit vom Untersuchungsstadium. Die Kartierung stellt das erste Untersuchungsstadium geologischer Arbeiten dar. Ihr Ziel ist eine zwar kleinmaßstäbliche Darstellung der erhaltenen Unterlagen, das gesamte Material erfährt aber eine umfassende Auswertung. An das Stadium der Kartierung schließen sich Sucharbeiten, Vorerkundung, Objekterkundung und schließlich Betriebserkundung an. Das wesentlichste Ziel eines jeden Stadiums ist die Angabe bzw. Berechnung von Vorräten. Obgleich bereits häufig darauf hingewiesen, muß in Zukunft noch mehr als bisher auf die sorgfältige und gründliche geologische Auswertung der Untersuchungsarbeiten besonders der ersten Stadien Wert gelegt werden.

Резюме

В начале обсуждаются некоторые пункты изложений КАУЧа и РИХТЕРа (1961 г.). Исходя из некоторых новых опытов в картировочной практике недалекого прошлого дается обстоятельное изложение задач геологических работ в зависимости от стадии исследования. Картирование представляет собой первую стадию геологических работ. Ее цель, правда, заключается в мелкомасштабном изображении полученных данных, но весь материал широко обрабатывается. За стадией картирования следуют поиски, предварительная разведка, объектная разведка и, наконец, эксплуатационная разведка. Главной целью каждой стадии являются данные о запасах или подсчет запасов. Хотя имеются многочисленные указания на это обстоятельство, надо в будущем в еще большей мере чем до сих пор придавать значение тщательной и состоятельной интерпретации исследовательских работ, особенно первых стадий.

Summary

Introductory remarks deal with some items included in the statement given by KAUTZSCH & RICHTER (1961). Proceeding from some new experiences in the practice of mapping of the recent past, a detailed description is given of problems connected with geological works as a function of the stage of exploration. Mapping is the first stage of exploration of geological works. Although its aim is a small-scale representation of data obtained, the material as a whole is submitted to a comprehensive interpretation. The mapping stage is followed by prospecting, preliminary reconnaissance, object reconnaissance and, finally, plant reconnaissance. The most essential aim of each stage is the indication, and calculation respectively, of reserves. In spite of being already often mentioned, a careful and thorough geological analysis of exploration works, and particularly of the first stages, must be emphasized in future still more than before.

Literatur

ANTROPOW, P. J.: Die wichtigsten Aufgaben zur Verbesserung der geologischen Erkundungsarbeiten (russ.). — Sowjetskaja geologija, 3—12, 1961.

DÖRNFELD, G.: Aufgaben und Stand der geologischen Kartierung in der DDR. — Vortrag zur 8. Jahrestagung der Geol. Ges. DDR, Leipzig 1961 (unveröff.).

JEREMIN, K. W., N. N. KLENTSCHIN, K. P. UDRIS, N. I. SLUTSCHEWSKI, J. F. ANASCHIN & T. W. KONSTANTINOWITSCH: Die Methodik der geologischen Kartierung und der geophysikalischen Arbeiten unter Verhältnissen überdeckter Gebiete. — Materialien zur RgW-Tagung „Methodik der Untersuchung überdeckter Gebiete", Prag 1960 (unveröff.).

KAUTZSCH, E.: Die einzelnen Stadien bei der geologischen Erkundung nutzbarer mineralischer Rohstoffe. — Z. angew. Geol., 5, 523—528, Berlin 1959.

KAUTZSCH, E. & G. RICHTER: Erkundungsstadien und Konditionen (Veröffentlichung der ZVK—Nr. 2). — Z. angew. Geol., 7, 560—562, Berlin 1961.

KRAFT, M.: Zur künftigen Gestaltung der geochemischen Prospektion in der Deutschen Demokratischen Republik. — WTI des ZGI, 2, H. 1, 78—85, Berlin 1961.

REH, H.: Warum Lagerstättenforschung? — Z. angew. Geol., 1, 150—156, Berlin 1955.

REINHOLD, D.: Bemerkungen zu den neuen Richtlinien der ZVK über Form und Inhalt von Vorratsberechnungen. — Z. angew. Geol., 7, 501—505, Berlin 1961.

STOCK, F.: Zur Methodik der geologischen Erkundung. — Z. angew. Geol., 2, 158—160, Berlin 1956.

TISCHENDORF, G.: Über einige methodische Fragen der Kartierung und Lagerstättenerkundung. — WTI des ZGI, 2, H. 1, 56—65, Berlin 1961 [1961a].

— Zur Bildung des Zentralen Geologischen Instituts als wissenschaftlich-technisches Zentrum der Staatlichen Geologischen Kommission. — Z. angew. Geol., 7, 333—336, Berlin 1961 [1961b].

VOGEL, E.: Zur Erkundung von Lagerstätten. — Bergbautechnik, 6, 171 bis 177 und 279—283, Berlin 1956.

Klassifikation der Lagerstättenvorräte fester mineralischer Rohstoffe der Deutschen Demokratischen Republik. — Z. angew. Geol., 2, 448—450. Berlin 1956. (Neufassung der Klassifikation, Vorschlag 1961.)

Instruktionen zur Anwendung der „Klassifikation der Lagerstättenvorräte fester mineralischer Rohstoffe".

Richtlinien der ZVK über Form und Inhalt von Vorratsberechnungen. — Z. angew. Geol., 7, 479—482, Berlin 1961.

Die Sedimentation im mittleren und oberen Paläozoikum in Verbindung mit der herzynischen Etappe der tektonischen Entwicklung [1]

A. B. RONOW & W. E. CHAIN

Eine Analyse des gesamten Sedimentationsprozesses im Verlaufe des Devons, des Karbons und des Perms in Verbindung mit dem herzynischen Zyklus der Bewegungen der Erdrinde gestattet, folgendes Bild zu zeichnen. Der Anfang des Zyklus stand unter dem Vorzeichen intensiver Hebungen und der Bildung von Gebirgen in den kaledonischen Geosynklinalen. Die Hebungen griffen auch auf die laurentisch-asiatische Gruppe der Tafeln über. Die Sedimentation war vorwiegend an die Zwischengebirgssenken der kaledonischen Geosynklinalen und an die Syneklisen der Gondwana-Tafeln geknüpft. Die intensive Abtragung der Kaledoniden bildete eine ausreichende Quelle für klastisches Material, was sich auch durch das eindeutige Überwiegen der terrigenen Formationen ausdrückt (73% der Fläche, 67% des Volumens). Diese Zeit ist ebenfalls durch einen aktiven terrestrischen Vulkanismus gekennzeichnet, dessen Produkte sich in den kaledonischen Zwischengebirgssenken anhäuften.

Während des mittleren und oberen Devons klangen die kaledonischen Hebungen allmählich aus. Es wuchs die Senkungsintensität der herzynischen Geosynklinalen, auch die laurentisch-asiatischen Tafeln wurden in die Senkung einbegriffen. Gleichzeitig stiegen die Gondwana-Tafeln auf. Die Bedeutung der klastischen Formation sank, unter den marinen klastischen Formationen sind tonige Folgen weit verbreitet. Die verstärkte Senkung der herzynischen Geosynklinalen wurde von einer erhöhten Intensität des submarinen Vulkanismus begleitet. Im oberen Devon und unteren Karbon intrudierten in den inneren Zonen dieser Geosynklinalen große Mengen basischen und ultrabasischen Magmas (Ural, Nordkaukasus, Balkan, Süd-Tienschan u. a.). In der gleichen Zeit (D_2—C_1) kam es, besonders auf den nördlichen Kontinenten, zu Transgressionen. Die ersten Etappen der Transgression, die in vielen Gebieten unter den Bedingungen ariden Klimas vor sich gingen, sind von Salzakkumulationen begleitet; ebenfalls machte sich eine allmähliche Zunahme der karbonatischen Formationen bemerkbar.

Im unteren Karbon war die erste Hälfte des Zyklus abgeschlossen. In den Geosynklinalen nahm das Meer eine maximale Fläche ein; dem entspricht auch ein Maximum in der Karbonatbildung. Das Klima wurde feuchter, in den küstennahen alluvialen Ebenen begann die Bildung von Kohlen. Auf dem Festland entstand durch Verwitterung eine mächtige Lateritrinde, aus der sich bei Umlagerung die humiden Roterden entwickelten. In den Geosynklinalen zeichneten sich die ersten herzynischen Hebungen ab; einzelne Teile der neugebildeten Gebirge beginnen infolge des feuchten Klimas zu vereisen. Die tonigen Folgen des Devons werden durch den sandig-tonigen Kulm, dann durch Flysch abgelöst. In den karbonatischen Folgen erhöht sich auf Kosten der Dolomite der Anteil der Kalke.

Am Ende des unteren und im Verlaufe des mittleren und oberen Karbons erreichten die herzynischen Hebungen und die Gebirgsbildungen ihren Höhepunkt. Die Folge davon ist die erhöhte Bedeutung der klastischen Formationen und die merkliche Verringerung der karbonatischen Schichtfolgen. Feuchtes Klima begünstigte die Kohlenbildung, die ihr Maximum erreichte. Auf den

[1] Aus: „Sowjetskaja Geologija", Nr. 58, 1957, S. 8—24; übersetzt und zusammengefaßt von G. DÖRNFELD

Erhebungen der Gondwana-Tafeln und der angrenzenden Gebirge kam es am Ende des Karbons und am Anfang des Perms zu mächtigen Vereisungen. Die Intensität des effusiven Vulkanismus erreichte ein Minimum, was durch ein massenhaftes Eindringen saurer Intrusionen kompensiert wurde.

Im Perm wuchsen die herzynischen Ketten weiter, die ausgiebig klastisches Material für die Bildung terrigener Folgen lieferten. Die Ablagerung karbonatischer Gesteine klang aus. Das Klima wurde immer arider, was zur Verminderung der glazigenen und kohlenführenden Formationen und zu einer für den gesamten Zyklus maximalen Salzablagerung führte. In den Zwischengebirgssenken der herzynischen Geosynklinale trat ein intensiver terrestrischer Vulkanismus auf, während sich in den Geosynklinalen des Pazifischen Gürtels, die in das Stadium intensiver Einsenkung eintraten, submarine Tätigkeit entwickelte, die von einer massenhaften Anhäufung von Kieselgesteinen begleitet wurde. Die intrusive Tätigkeit schwächt allmählich ab. Unter den Intrusionen spielen alkalische Varietäten (Nephelinsyenite im Ural u. a.) eine große Rolle. Im oberen Perm wurde der Zyklus durch einen bedeutenden Aufstieg der Kontinente, eine große Regression, eine erneute Abschwächung des effusiven Vulkanismus und ein neues Maximum in der Entwicklung klastischer Folgen abgeschlossen.

Die Verbreitung nutzbarer Bodenschätze im Devon, Karbon und Perm ist eng mit der Verbreitung der sedimentären, vulkanogenen und intrusiven Ablagerungen verbunden. Dabei ist eine völlig bestimmbare Periodizität festzustellen (s. Abb.).

Zu Beginn des Zyklus bildeten sich kiesige polymetallische Lagerstätten (Ural, Altai, Nordkaukasus, Spanien u. a.). Das Maximum dieses Prozesses fällt in die Periode der größten Intensität des effusiven und damit verbundenen subvulkanischen Magmatismus.

In die erste Hälfte des Zyklus, aber schon mit einiger Verschiebung zu seiner Mitte (Maximum D_3—C_1), gehört die Bildung der eigentlich magmatischen Lagerstätten von Titanomagnetit, Chromit, Nickel-Kobalt-Erzen, Platin und Asbest, die an basische und ultrabasische intrusive Gesteine gebunden sind (Ural, Balkan, Anatolien u. a.).

In den Anfangsetappen des herzynischen sauren intrusiven Magmatismus entstanden kontaktmetasomatische Lagerstätten von Magneteisenstein (Ural, Turgaisenke, Gornaja Schoria u. a.), die an die Kontakte von mäßig sauren (mittleren) Intrusionen gebunden sind. Später, hauptsächlich im mittleren und oberen Karbon und im unteren Perm, bildeten sich in Verbindung mit den großen sauren Intrusionen zahlreiche pneumatolytische und hydrothermale Lagerstätten von Bunt- und seltenen Metallen; anfangs vorwiegend Au, W, As, Cu, Pb, Zn und Pegmatite mit Li, Fe, Be; später Sn, Mo, Sb, Hg und Seltene Erden (Ural, Tienschan, Altai, Atlas, Ostaustralien, Westeuropa usw.).

Bauxitlagerstätten sind stratigraphisch hauptsächlich dem Devon und unteren Karbon zugeordnet, d. h. der ersten Hälfte des Zyklus. Es wurde eine Verbindung mit den karbonatischen und kohlenführenden Formationen festgestellt (Ural, Salair, Sajan, Russische, Chinesische und Nordamerikanische Tafel). Diese Bauxite sind vorwiegend hydrogener Entstehung. Auf der Chinesischen Tafel sind Bauxite in Verbindung mit kohlenführenden Schichten im unteren Perm verbreitet.

Lagerstätten sedimentärer Eisenerze vom oolithischen Typ und hämatit-chamositischer Zusammensetzung sind vorwiegend in marinen klastischen Folgen des mittleren und oberen Devons und teilweise des unteren Karbons anzutreffen. Sie sind an Sedimentationslücken gebunden und stehen mit dem diabasischen submarinen Vulkanismus in Zusammenhang. Sideritische Eisenerze treten in Paragenese mit kohleführenden Formationen auf und finden daher ihre maximale Verbreitung im mittleren und oberen Karbon und im unteren Perm.

Karbonatische und silikatische Manganerze sind mit den Kulmablagerungen und ihrem Diabasvulkanismus und Spilit-Keratophyr-Folgen verbunden. Das Maximum ihrer Bildung fällt in die Zeit vom mittleren Devon bis unteren Karbon (Ural, Zentralkasachstan, Deutschland, Spanien).

Die Maxima der Phosphoritbildung liegen im Mitteldevon bis Unterkarbon und im Unterperm. Im mittleren und oberen Devon bilden knollige Phosphorite Lager auf der Nordamerikanischen Tafel (Tennessee, Kentucky), in den Pyrenäen, im Rheinischen Schiefergebirge und in Vietnam. Die Lager liegen zwischen Schiefern und Kalken. Im unteren Karbon kommen Phosphorite (Knollen) hauptsächlich in der Kulmformation (Westeuropa, Zentralkasachstan) vor. Im unteren Perm sind bedeutend reichere Schichtphosphorite entwickelt, die in eigenartigen kalkig-kieseligen Schichtfolgen lagern (Felsengebirgsformation-Phosphoria, Baschkirischer Ural). In beiden Fällen kann man eine ferne Verbindung zu submarinem Vulkanismus vermuten (N. S. SCHATSKI 1955). Knollige Phosphorite sind auch in der Ekka-Serie von Südafrika bekannt.

Die Kupfersandsteine und Kupferschiefer sind deutlich an die rotgefärbten kontinentalen Bildungen zu Beginn (Devon) und am Ende (mittleres und oberes Karbon, Perm) des Zyklus gebunden. Quelle des Kupfers waren entsprechend zerstörte kaledonische und herzynische hydrothermale Lagerstätten. Der größeren Erzführung der herzynischen Intrusionen entspricht auch der größere Umfang der permischen sedimentären Kupferanhäufung.

Die Kohlenbildung, die im oberen Devon begann, erreichte ihr Maximum in der zweiten Hälfte des Zyklus — im mittleren und oberen Karbon und im Perm. Im Perm wurden die paralischen Schichtfolgen durch limnische abgelöst. Es änderte sich auch der Bestand der kohlenbildenden Pflanzen.

Brennschiefer mariner Entstehung werden vorwiegend im oberen Devon, im unteren Karbon und am Anfang des mittleren Karbons in terrigenen Lagen karbonatischer Ablagerungen angetroffen (Russische und Nordamerikanische Tafel). Unter den am Ende des Karbons und im unteren Perm abgelagerten Sedimenten sind bituminöse Schiefer verbreitet, die an kohlenführende limnische Schichten gebunden sind.

Lager von Erdöl und Kohlenwasserstoffgasen kamen in der gesamten mittel- und oberpaläozoischen Schichtenfolge der Russischen, der Nordamerikanischen und wahrscheinlich auch der Chinesischen und Australischen Tafel vor. Die größten Vorräte sind dabei aus oberdevonischen und unterkarbonischen Sedimenten des Wolga—Ural-Gebietes, des Midkontinents in USA und in Westkanada, aber auch aus unterpermischen Riffen und aus terrigen-karbonatischen Folgen im Südwesten der USA und am Ural bekannt. Das Erdöl in Riffen

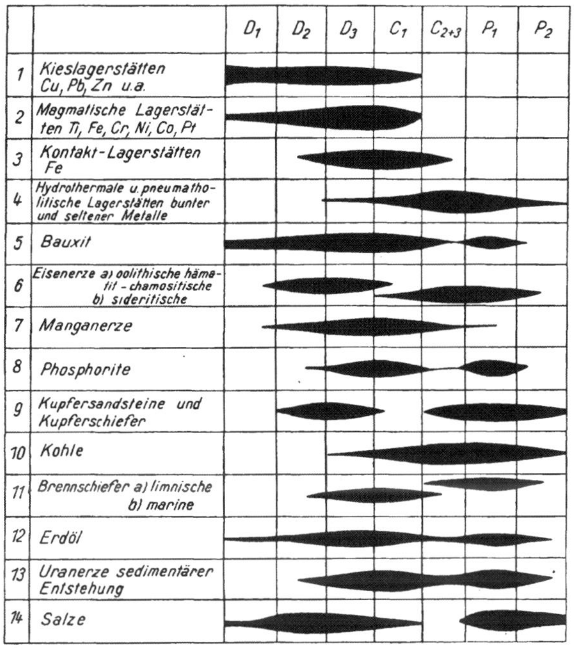

Verbreitung der nutzbaren Bodenschätze in den einzelnen Epochen des mittleren und oberen Paläozoikums

ist zweifellos sekundär und hat sich in den USA auf alle Fälle wahrscheinlich durch Migration innerhalb einer Formation aus permischen Erdölmuttergesteinen gebildet.

Wirtschaftliche Konzentrationen von Uranerzen sedimentärer Entstehung sind hauptsächlich an marine Schichten gebunden, die reich an organischer Substanz sind, deren Phosphate oder Vanadate das Uran aus dem Meerwasser adsorbieren. Lagerstätten dieses Typs treten in den USA in schwarzen bitumenführenden Schiefern des oberen Devons und unteren Karbons auf (Appalachen, Midkontinent, Südweststaaten), die in karbonatisch-terrigenen oder kohlenführenden (Appalachen-D_3) Formationen liegen. Ähnliche Lagerstätten gibt es auch in analogen Bildungen des mittleren und oberen Karbons (Midkontinent), in der unterpermischen Phosphat-Vanadin-Formation Phosphoria (Felsengebirge) und in unterpermischen karbonatisch-klastischen Ablagerungen des Colorado-Plateaus. Für die anderen Länder fehlen Unterlagen.

Die durchgeführten Untersuchungen bestätigen, daß für den untersuchten Abschnitt der Erdgeschichte eine planetare Periodizität in der Entwicklung tektonischer Bewegungen existiert. An diese ist eine Periodizität in der Änderung der Wechselbeziehungen der lithologischen Formationen und der Verbreitung nutzbarer Bodenschätze geknüpft. Diese Periodizität tritt trotz einer gewissen Ungleichzeitigkeit der Entwicklung einzelner Gruppen von Kontinenten, der Geosynklinalen des Atlantischen Gebietes und des Pazifischen Gürtels, der Geosynklinalen und der Tafeln überhaupt klar hervor.

An die tektonischen Änderungen sind klimatische Änderungen gebunden, die wesentlich die Verbreitung der Formationen beeinflussen, besonders die kontinentalen und lagunären. Tektonik und Klima wirken auf die Sedimentation durch die Änderung zahlreicher Bedingungen ein:

1. Verwitterung und Abtragung, d. h. Zusammensetzung des in das Becken gelangenden Materials; Änderungen drücken sich besonders in der Veränderung der Konzentration und der Zusammensetzung der im Ozean gelösten Salze aus.

2. Verteilung der Tiefe und der Aufnahmefähigkeit des Sedimentationsbeckens; dadurch wird der Grad der mechanischen und chemischen Differenzierung und Integration des Materials bestimmt.

3. Intensität der vulkanischen Prozesse; diese haben ihren besonderen Anteil an der allgemeinen Stoffbilanz, die die Bildung lithologischer Formationen bestimmt.

Literatur

RONOW, A. B.: Geschichte der Sedimentation und der Schwingungsbewegungen im europäischen Teil der UdSSR. – Verlag Akad. Wiss. UdSSR, 1949.

RONOW, A. B. & W. E. CHAIN: Devonische lithologische Formationen der Welt. – Sowj. Geol., Nr. 41, 1954.

– Karbonische lithologische Formationen der Welt. – Sowj. Geol., Nr. 48, 1955.

– Permische lithologische Formationen der Welt. – Sowj. Geol., Nr. 54, 1956.

SCHATSKI, N. S.: Phosphoritführende Formationen und die Klassifikation von Phosphoritlagern. – Konferenz über Sedimentgesteine, Ausgabe 2, 1955.

STRACHOW, N. M.: Typen des Sedimentationsprozesses und Formationen sedimentärer Gesteine. – Nachr. Akad. Wiss. UdSSR, Ser. Geol., Nr. 5 und 8, 1956.

L. C. HUFF, T. G. LOVERING, H. W. LAKIN & A. T. MYERS

Vergleich der bei geochemischen Sucharbeiten auf Kupfer angewendeten analytischen Methoden[1]

Referiert von HANS GRASSMANN, Berlin

Die Verfasser vergleichen mehrere Methoden, die bei geochemischen Sucharbeiten auf Kupfer verwendet werden, bezüglich ihrer Empfindlichkeit, Reproduzierbarkeit, Genauigkeit und der Kosten.

Die für die Sucharbeiten benutzten „geochemischen Tests“ sind sehr vereinfachte Abwandlungen von üblichen analytischen Methoden, wobei die Vereinfachung sich auch auf die Art des Aufschlusses der Proben bzw. des Ausziehens des Metalles aus ihnen erstreckt. In den USA werden bei Sucharbeiten auf einzelne Metalle überwiegend naßchemische Analysenmethoden angewendet. Die Spektrographie wird meist nur dann herangezogen und für vorteilhaft gehalten, wenn neben dem Hauptmetall zahlreiche Begleitelemente zu bestimmen sind. Trotzdem ist auch die halbquantitative Spektralanalyse in den Vergleich mit einbezogen worden. Als Bezugswerte dienten die mit einer quantitativen chemischen Laboratoriumsmethode erhaltenen Ergebnisse. Die Verfasser betonen, daß das Ergebnis der Gesamtuntersuchung nicht ohne weiteres für die Sucharbeiten auf Kupfer in anderen Gebieten gültig ist.

Das Untersuchungsgebiet liegt in der Nähe der Malachitgrube in Jefferson County, Colorado, und zwar in der Front-Range-Kette des Felsengebirges, 12 km

[1]) Aus: „Economic Geology“, Bd. 56, S. 855–872 (1961). – Originaltitel der Arbeit: A comparison of analytical methods used in Geochemical prospecting for copper.

westlich von Denver in etwa 2300 m Höhe. Es wurde schon früher (von HUFF) geologisch und geochemisch untersucht. Das Grundgebirge besteht aus Wechsellagen von Quarzbiotitschiefer und Hornblendegneis in steil aufgerichtetem Schichtenverband und wird von zahlreichen Pegmatitgängen durchsetzt. In einem Gang von großer Mächtigkeit sind zwei walzenförmige Erzkörper eingelagert. Die Haupterze sind Chalkopyrit und Pyrrhotin, daneben kommen Galenit und dunkelbrauner Sphalerit vor.

Der mit Gras und teilweise mit Kiefern und Gestrüpp bewachsene Verwitterungsboden hat nur eine durchschnittliche Mächtigkeit von knapp 1 m. Die Bodenproben zur geochemischen Untersuchung wurden aus dem obersten, nur 15 cm starken dunkelbraunen „A"-Horizont genommen.

Bei der geochemischen Kartierung war eine Cu-Anomalie von 800 m Länge und 270 m Breite festgestellt worden, die sich viel weiter talab erstreckt als die sichtbaren Anzeichen der Mineralisation. Der Boden enthält von 50 ppm Cu (oberhalb des Ausstreichens des vererzten Ganges) bis zu 5000 ppm Cu (in der Nähe des Ganges). Für die jetzt durchgeführte Vergleichsuntersuchung wurden die Proben in einem Bereich mit schwächeren Anomalien von max. 200 ppm Cu genommen.

An 52 Probenahmepunkten wurden je zwei Proben in 60 cm Abstand genommen und die insgesamt 104 Proben nach fünf Feldmethoden analysiert. Die doppelte Probenahme sollte zur Kontrolle der Reproduzierbarkeit der Probenahme dienen; leider haben die Verfasser hierzu nur die mit Feldmethoden erhaltenen Analysenwertpaare gegenübergestellt, so daß Analysen- und Probenahmestreuung nicht gut unterscheidbar sind. Die festgestellte Gesamtabweichung betrug aber offenbar bei den verschiedenen Methoden jeweils nur etwa die Hälfte von der systematischen Abweichung zwischen den Mittelwerten der Feldmethoden und den zugehörigen quantitativ bestimmten Werten.

Zur Analyse gelangte die Siebfraktion < 0,2 mm der Bodenproben. Drei von den fünf verwendeten Feldmethoden sind Abarten der Dithizon-Methode, eine arbeitet mit Rubeanwasserstoffsäure und eine mit Bichinolin. (Literaturangaben siehe Originalarbeit.)

1. Dithizon-Methode auf citratlösliches Schwermetall nach BLOOM

Bei dieser sehr einfachen Methode, die aber nur einen geringen Teil des Metalls erfaßt, wird eine volumenmäßig abgemessene Menge des Bodens mit Citratpuffer, Hydroxylaminhydrochlorid und verdünnter Dithizonlösung in Xylol 5 sec geschüttelt. Als Maß für den Metallgehalt dient die Menge Dithizonlösung, die erforderlich ist, um die zuerst in rot übergegangene Färbung des grünen Dithizons auf blaurot zu bringen. Mit dieser Methode können je Mann und Tag ca. 200 Proben unmittelbar im Gelände untersucht werden.

2. Dithizon-Methode auf Schwermetall nach HUFF

Hierbei wird eine abgewogene kleine Probemenge 1 Stunde mit verdünnter Salpetersäure gekocht. Ein Aliquot der Lösung wird mit Natriumacetat-Ammoniumfluorid-Puffer versetzt und mit Dithizonlösung in Kohlenstofftetrachlorid geschüttelt. Der Metallgehalt ergibt sich durch Vergleich der Färbung der organischen Schicht mit entsprechenden Standardlösungen. Das Kupfer der meisten Kupferminerale wird erfaßt, auch Pb und Zn, jedoch nicht das silikatisch gebundene Metall. Ein geübter Analytiker bearbeitet je Tag 150 Proben.

3. Dithizon-Kupfer-Methode nach ALMOND & MORRIS

Eine gewogene Menge der feingepulverten Probe wird mit warmer 1 n Schwefelsäure behandelt. Ein Teil der überstehenden Lösung wird nach Abkühlen mit Ammoniumcitratlösung versetzt, mit Ammoniaklösung gegen Thymolblau als Indikator auf pH 2,5—3 eingestellt und mit Dithizonlösung in CCl_4 geschüttelt. Der Kupfergehalt wird durch Vergleich mit Standardlösungen ermittelt. 90 Bestimmungen pro Tag und Mann sind möglich.

4. Chromographische Kupfer-Methode nach STEVENS & LAKIN

Eine abgewogene kleine Probemenge wird mit Natriumhydrogensulfat geschmolzen. Die abgekühlte Schmelze wird in Natriumcitratlösung zersetzt; die Lösung wird neutralisiert und dann essigsauer gemacht. Ein Aliquot der Lösung läßt man in einem Apparat langsam durch mit Rubeanwasserstoffsäure getränktes Filterpapier fließen. Die Ermittlung des Kupfergehaltes erfolgt durch Vergleich des grauen bis schwarzen Reaktionsflecks mit einem Satz von Standardflecken. Eine Person kann je Tag 80 Proben analysieren.

5. Bichinolin-Kupfer-Methode nach ALMOND

Ein abgewogener Teil der feingepulverten Probe wird ähnlich wie unter 4. mit Pyrosulfat geschmolzen. Die abgekühlte Schmelze wird mit 6 n Salzsäure im Wasserbad zersetzt und verdünnt. Ein Aliquot der Lösung wird mit Hydroxylaminhydrochlorid, Tartrat-Acetat-Puffer und einer Lösung von 2,2'-Bichinolin in Isoamylalkohol versetzt. Die auf Grund eines Kupfergehaltes entstehende rosa Färbung wird mit der von Standardlösungen verglichen. Diese Lösungen und die Reagenzlösung haben den Vorteil, haltbarer zu sein als Dithizonlösungen. 100 Proben sollen pro Mann und Tag analysiert werden können.

Für die halbquantitative Spektralanalyse, die ebenfalls zum Vergleich herangezogen wurde, benutzte man einen Gitterspektrographen und wertete die Spektrogramme visuell mit Hilfe von Standardspektren aus, die mit 0,464, 0,215, 0,100 usw. Prozent Kupfer hergestellt waren. 20 Proben wurden so in acht Stunden analysiert (bei quantitativer Ausführung nur fünf Proben).

Die Beurteilung der Methoden erfolgte statistisch nach Reproduzierbarkeit, Genauigkeit und Kostenaufwand.

Betreffs der Reproduzierbarkeit wurde die halbquantitative Spektralanalyse als am besten befunden. Es folgen die Feldmethoden in der Reihenfolge: 2. Dithizon—Kupfer, 3. Bichinolin—Kupfer, 4. Dithizon—Schwermetall, 5. Dithizon—citratlösliches Kupfer, 6. Chromograph.—Kupfer. Betrachtet man jedoch die Reproduzierbarkeit für den bei der vorliegenden Untersuchung wichtigsten Konzentrationsbereich 100—320 ppm, so fällt die halbquantitative Spektralanalyse auf den 4. Platz zurück bei sonst unveränderter Reihenfolge der Methoden.

Nach der Genauigkeit (im Vergleich mit quantitativen chemischen Laboratoriumsbestimmungen) bestand die Reihenfolge: 1. halbquantitative Spektralanalyse, 2. Dithizon—Schwermetall, 3. Bichinolin—Kupfer, 4. Dithizon—Kupfer, 5. Chromograph.—Kupfer, 6. Dithizon—citratlösliches Kupfer. Die bei den chemischen Feldmethoden auftretenden, überwiegend negativen systematischen Abweichungen werden dadurch bedingt, daß die Aufschlußmethoden keine vollständige Extraktion des Metalls gewährleisten. Dies braucht übrigens kein Nachteil zu sein, da das leicht lösliche Kupfer wahrscheinlich das wesentliche Kriterium für die Auffindung einer Anomalie ist.

Berücksichtigt man die Kosten — sie werden von den Verfassern allein nach dem Zeitaufwand beurteilt —, so ergibt sich eine „kombinierte" Bewertungsreihenfolge, und zwar 1. Dithizon—Kupfer, 2. Bichinolin—Kupfer, 3. Dithizon—Schwermetall, 4. halbquantitative Spektralanalyse, 5. Dithizon—citratlösliches Kupfer, 6. Chromograph.—Kupfer. Diese Beurteilung mag teilweise auf ziemlich subjektiven Feststellungen beruhen, dürfte aber im großen und ganzen richtig sein.

Die Verfasser weisen, wie schon erwähnt, darauf hin, daß die Beurteilung nicht verallgemeinert und auf jeden beliebigen Fall der Cu-Sucharbeiten ausgedehnt werden kann. Sind auch Blei und Zink von Interesse, so wird man die Dithizon-Schwermetall-Methode bevorzugen. In anderen Fällen, wenn es zunächst nur darauf ankommt, höffige Gebiete roh abzugrenzen, wird die Methode des citratlöslichen Kupfers wegen ihrer Einfachheit und Schnelligkeit die besten Dienste leisten.

Bei der statistischen Untersuchung der Kupferverteilung im Untersuchungsgebiet stellten die Autoren fest, daß diese, wenn die Proben aus dem erzfreien und die aus dem Anomaliebereich gesondert betrachtet werden, annähernd lognormal ist.

Eine neue Bemusterungsmethode für Gangerzlagerstätten[1]

HELMUT BOLDUAN, Freiberg (Sa.), & GOTTFRIED RICHTER, Berlin

(Mitteilung Nr. 114 aus dem VEB Geol. Erkundung Süd, Freiberg/Sa.)

Gangerzlagerstätten von größerer Mächtigkeit werden mit den bergmännischen Auffahrungen meist nicht vollständig vom hangenden bis zum liegenden Salband aufgeschlossen, so daß keine vollständige Bemusterung möglich ist. Damit ist eine umfassende Aussage über Mächtigkeit und Gehalt nicht gegeben. Aufschlüsse über die gesamte Mächtigkeit sind nur durch aufwändige Querschläge oder Kernbohrungen möglich. Als eine Methode mit geringerem Aufwand ist die Bemusterung durch Kombination von Querschlitzproben für die aufgeschlossenen und Bohrmehlproben für die unverritzten Teile des Erzkörpers in Betracht zu ziehen. Die Anwendung der Bohrmehlprobenahme ist an zwei grundsätzliche Voraussetzungen gebunden:

1. Die Grenze zwischen dem zu bemusternden Erz und dem Nebengestein muß klar zu erkennen sein;
2. das Probegut ist vollständig zu erfassen. Es darf keine Verarmung oder Anreicherung erfahren.

Bohrlochuntersuchungsgerät

Die Grenze zwischen Erz und Nebengestein kann mit Bohrungen nur dann erkannt werden, wenn der Bohrfortschritt unterschiedlich ist oder wenn das Bohrklein deutliche Unterschiede in der Färbung zeigt. Diese Erkennungsmerkmale liegen bei den meisten im Kristallin aufsetzenden Lagerstätten nicht vor. Das ursprünglich zur Senkung des Kosten- und Zeitaufwandes von Tastquerschlägen auf Anregung und unter Anleitung von LEWIEN entwickelte Bohrlochuntersuchungsgerät (LEWIEN 1956) erwies sich für eine kombinierte Probenahmemethode als geeignet. Mit diesem Gerät kann man auch für festes Gebirge die erste Voraussetzung erfüllen. Bis etwa 4 m außerhalb der Auffahrungen sind die Erz- und Gesteinsarten hinreichend genau zu unterscheiden (Abb. 1).

Trockenabsaugegerät

Das vollständige Aufsammeln des Bohrkleins, also des Probegutes, bereitet keinerlei Schwierigkeiten beim drehenden Bohren. In diesem Falle wird das Material mit Hilfe des spiralförmigen Bohrgestänges („Schlangenbohrers") aus dem Bohrloch gefördert.

Das auf Spanabhebung beruhende drehende Bohren ist jedoch nur in weichen Gesteinen anwendbar. Es wird im Kali-, Steinkohlen- und Kupferschieferbergbau mit bestem Erfolg angewandt. Dagegen ist im Bergbau auf Erzlagerstätten der magmatischen Abfolge, bei dem normalerweise außerordentlich festen Gebirge, das schlagende Bohren vorherrschend. Das Austragen des Bohrkleins erfolgt entweder durch Wasserspülung oder durch Absaugung in trockenem Zustand. Sowohl das Naßbohren als auch die Trockenabsaugung sind eingeführt worden, um den äußerst gesundheitsschädlichen Bohrstaub zu beseitigen. Dabei kam es verständlicherweise auf eine vollständige Erfassung und Beseitigung des Staubes an. Die Probenahme aus Naßbohrungen wird, wegen der unvollständigen Erfassung des Bohrlochschlammes, in seltenen Fällen angewandt[2].

Bei schlagend ausgeführten Trockenbohrungen bewirkt die ausströmende Preßluft eine Windsichtung. Die Proben ergeben in den meisten Fällen einseitig zu hohe Werte, weil die leichteren Teilchen weggeblasen werden, während die schwereren, erzhaltigen Teilchen fast vollständig im Probematerial verbleiben.

Abb. 1. Bohrlochuntersuchungsgerät nach LEWIEN im Einsatz

Abb. 2. Trockenabsaugegerät bei der Entleerung

[1]) Eingang des Manuskripts in der Redaktion: 10. 1. 1962.

[2]) Auf der Schwefelkiesgrube „Einheit" des VEB Harzer Eisenerzgruben erfolgt seit 10 Jahren die Probenahme durch Bohrtrübe bzw. Bohrschlamm. Das an sich ziemlich umständliche Verfahren hat sich dort gut bewährt (SCHEFFLER 1960).

Es lag nahe, die zur Bekämpfung der Silikose entwickelten Geräte zur Trockenabsaugung des Bohrstaubes für Probenahmezwecke zu übernehmen. Auf Anregung von LEWIEN wurde 1958 in der Objektgruppe Brander Revier ein vom Institut für Arbeitsschutz und Grubensicherheit der Bergakademie Freiberg und der Silikose-Forschungsstelle Eisleben entwickeltes Trockenabsaugegerät versuchsweise zur Entnahme von Bohrmehlproben eingesetzt (LEWIEN 1960).

Das Originalmodell (Höhe 1 m, Durchmesser 0,7 m) ist für die Aufnahme des Bohrkleins von ca. 75 Bohrmetern ausgelegt (BRÖCKER 1958). Das Modell ist unhandlich und besonders in vertikalen Grubenbauen schlecht zu transportieren. Für den Einsatz als Probenahmegerät, bei dem die Aufnahme des Bohrmehls von nur einer Bohrung genügt, wurde eine kleinere, handlichere Ausführung (Höhe 1 m, ∅ 0,32 m) gebaut (Abb. 2). Durch das Trockenabsaugegerät wurde die 2. Voraussetzung erfüllt, das trockene Bohrmehl auch beim schlagenden Bohren vollständig aufzufangen.

In den Erkundungsobjekten der Staatlichen Geologischen Kommission Brander Revier und Geyer wurde bestätigt, daß beim kombinierten Einsatz der beiden Geräte Bohrlochsehrohr und Trockenabsaugegerät die Bohrmehlprobe für die Verhältnisse im festen Gebirge als eine den anderen Methoden in der Zuverlässigkeit nicht nachstehende Bemusterungsmethode anerkannt werden kann.

Anwendung im Objekt Blei-Zink-Erz Brander Revier

Die Erzgänge des Brander Reviers sind ausgesprochen absetzig. Mächtigkeit und Vererzung ändern sich oft von Meter zu Meter. Als einzige Probenahmemethode, die bei einem vertretbaren Kosten- und Zeitaufwand einigermaßen zuverlässige Durchschnittsergebnisse der Gehalte erwarten läßt, gilt seit Jahren der Querschlitz. Der Ansatz von Querschlitzen ist nur möglich, wenn der Erzgang an der Probestelle in seiner gesamten Mächtigkeit aufgeschlossen ist. Das ist bei den kiesig-blendigen Gängen fast immer der Fall, da deren Mächtigkeiten nur durchschnittlich 0,3 m, maxmial 1 bis 1,5 m betragen. Für den fluor-barytischen Gang Owo-Spat trifft das stellenweise nicht zu, da dessen Mächtigkeit oft bis auf 4,5 m ansteigt (GOTTE & RICHTER 1960 a, b). Wegen des gebrächen Gebirges kann der Gang mit der Auffahrung nicht vom hangenden bis zum liegenden Salband aufgeschlossen werden.

Die Auffahrungen wurden daher so angesetzt, daß nur das eine Salband des Ganges freigelegt wurde. Das andere mußte mehr oder weniger weit außerhalb des Seitenstoßes unverritzt bleiben. In Abständen von 3 m wurden wie üblich aus der Firste Querschlitzproben genommen. Darauf setzte man an diesen Stellen in Richtung auf das nichtaufgeschlossene Salband Bohrlöcher an, um in diesen mit dem Bohrlochuntersuchungsgerät die Grenze zwischen Gang und Nebengestein oder Nebengesteinseinlagerungen feststellen zu können. Anschließend wurden unmittelbar neben den Untersuchungslöchern und genau parallel zu diesen die Probenbohrungen gestoßen und der Staub in den zu bemusternden Abschnitten entsprechend der beschriebenen Methode abgesaugt (Abb. 3).

Beide Geräte haben sich im Brander Revier sehr gut bewährt. Durch Auswiegen der Proben und vor Ort durchgeführte Konimetermessungen gelang der Nachweis, daß die Erfassung des Bohrstaubes vollständig erfolgte.

Anwendung im Objekt Zinnerz Geyer

Im Granitstock von Geyer setzen auf den oberen Sohlen 20 zinnsteinführende Gangzüge mit Mächtigkeiten zwischen 2 und 8 m auf, die nach der Teufe zu stark auftrümern. Die vielen Einzeltrümer können kaum noch den Zügen zugeordnet werden. Die Mächtigkeiten der einzelnen Trümer schwanken zwischen 1 und 50 cm. Dabei kann die Erzführung sehr stark wechseln.

Bei der Vielzahl der Trümer konnte mit den bergmännischen Auffahrungen nur ein geringer Teil aufgeschlossen werden. Die Auswahl der aussichtsreichsten Trümer fiel sehr schwer, weil im allgemeinen eine makroskopische Schätzung der Zinnsteinführung nur schlecht möglich, wenn nicht sogar aussichtslos war. Um die Mächtigkeit und Erzführung der Trümerzüge einigermaßen genau erfassen zu können, mußten verhältnismäßig viele Tastquerschläge aus den streichenden Strecken ins Hangende und Liegende vorgetrieben werden. Die 5 m langen Tastquerschläge waren in Abständen von durchschnittlich 25 m angesetzt. Daneben wurde der gesamte Granitstock durch Querschläge im Abstand von 50 m untersucht (Abb. 4).

Die Probenahme erfolgte durch Querschlitze in Abständen von 2 m. Dabei wurden die einzelnen Trümer nach Möglichkeit getrennt ausgehalten. Der Aufwand für diese Erkennungsmethode war im Verhältnis zu den gewonnenen Erkenntnissen außerordentlich hoch. Es lag daher nahe, die im Brander Revier mit Erfolg angewendete kombinierte Bemusterungsmethode bei den Untersuchungsarbeiten in Geyer einzuführen.

Zur Erkundung wurden nun in Abständen von 5 m aus den Strecken zunächst 4 m lange Untersuchungslöcher ins Hangende und Liegende gestoßen und mit Hilfe des Bohrlochuntersuchungsgerätes dokumentiert. Anhand der genauen Dokumentation konnte man daraufhin die zu bemusternden Zonen festlegen und auf dem Bohrgestänge, mit dem die Trockenbohrung zur Gewinnung der Probe parallel zum Untersuchungsloch anzusetzen war, markieren. Um die Zone der Hauptvererzung, soweit man in Geyer überhaupt davon sprechen kann, herausfinden zu können, erwies sich eine getrennte Bemusterung der einzelnen Trümer als notwendig. Außerdem sollten die zwischen den Trümern anstehenden Nebengesteinspartien ebenfalls untersucht werden. Hierfür genügten Sammelproben. Es mußten daher aus jedem Bohrloch mehrere Proben genommen werden. Das hatte zur Folge, daß für die Entleerung des Staubtopfes bedeutend mehr Zeit benötigt wurde als für die reine Bohrarbeit. Daher war es zweckmäßig, zwei Trockenabsaugegeräte zugleich einzusetzen. Das eine Gerät war für die tauben Partien vorgesehen und wurde erst entleert, nachdem der Staubtopf voll war. Im zweiten Gerät wurde die Probe aus den Zinnerztrümern aufgefangen. Die Umstellung zwischen den beiden Geräten erfolgte durch einen hinter dem Bohrhammer eingeschalteten Zweiwegehahn. Das in Brand gebaute Gerät wurde durch einen neuen Staubtopf, in dem die Probe gleich in einem Papierbeutel aufgefangen werden konnte, weiter verbessert.

Wirtschaftlicher Nutzen durch die neue Methode

Im Objekt Geyer konnte durch die Einführung der neuen Methode der Bohrmehlprobenahme die Auffahrung von Tastquerschlägen auf die Hälfte des bisher notwendigen Umfanges reduziert werden. Dadurch wurden im letzten Erkundungsjahr insgesamt ca.

65000 DM eingespart. Diese Mittel standen für weitere streichende Auffahrungen und damit für einen größeren Aufschluß der Lagerstätte zur Verfügung. Bei diesem Überschlag wurde der durch die Verdichtung erzielte höhere Untersuchungsgrad noch nicht berücksichtigt. Um die erzielte Verdichtung durch bergmännische Auffahrungen zu erreichen, wäre ein Mehraufwand von 750000 DM erforderlich gewesen.

Dieser Wert ist nur als ein theoretischer anzusehen, da es keineswegs vertretbar ist, einen derartig dichten Aufschluß mit bergmännischen Auffahrungen durchzuführen. Es soll ferner nicht unerwähnt bleiben, daß mit solchen Bohrungen nur ein punktförmiger Aufschluß erzielt wird, während durch die Querschläge die Trümer auf einer der Querschlagsbreite entsprechenden streichenden Länge freigelegt werden. Diese Tatsache hat Bedeutung für eine genauere Kenntnis der geologischen und lagerstättenkundlichen Verhältnisse, nicht aber für die Bemusterung der Lagerstätte.

Die neue Methode der Bohrmehlprobenahme durch das Trockenabsaugegerät in Verbindung mit dem Bohrlochsehrohr erweist sich der bisherigen Querschlitzprobenahme in folgenden Punkten überlegen:

1. Der Arbeitsaufwand und die Kosten sind geringer. Im Objekt Geyer betrugen die Kosten für die Bohrmehlprobe einschl. des Untersuchungsbohrloches nur ein Neuntel der Kosten des Querschlitzes.

2. Aus dem Gang bzw. Trum wird die Probe mit einem konstanten Querschnitt entnommen. Das kann durch den Querschlitz bei sehr festem Gebirge nicht immer erreicht werden.

3. Das subjektive Moment beim Ansatz des Querschlitzes ist bei der Bohrmehlprobe ausgeschlossen.

4. Das Probematerial fällt bereits weitgehend zerkleinert an.

Die kombinierte Bemusterungsmethode durch Querschlitz- und Bohrmehlproben in Verbindung mit dem Bohr-

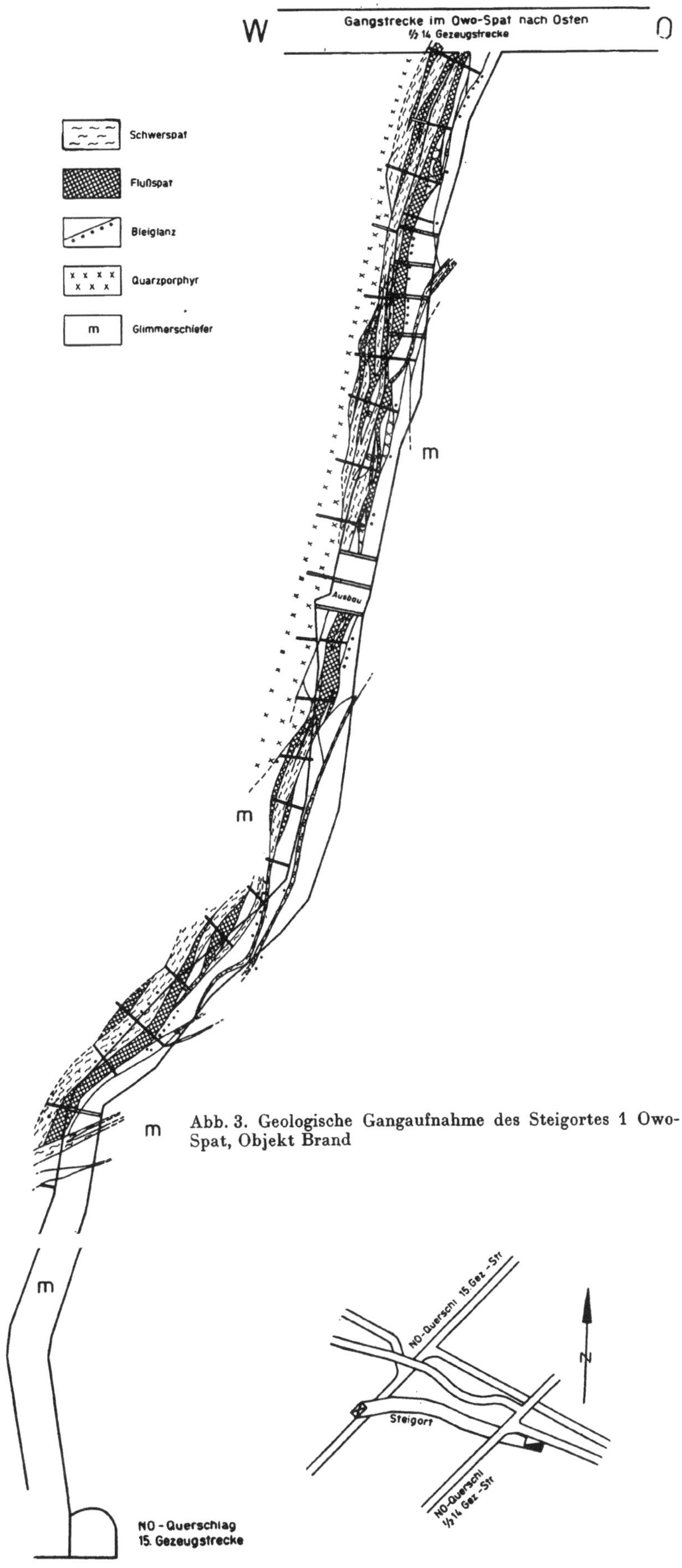

Abb. 3. Geologische Gangaufnahme des Steigortes 1 Owo-Spat, Objekt Brand

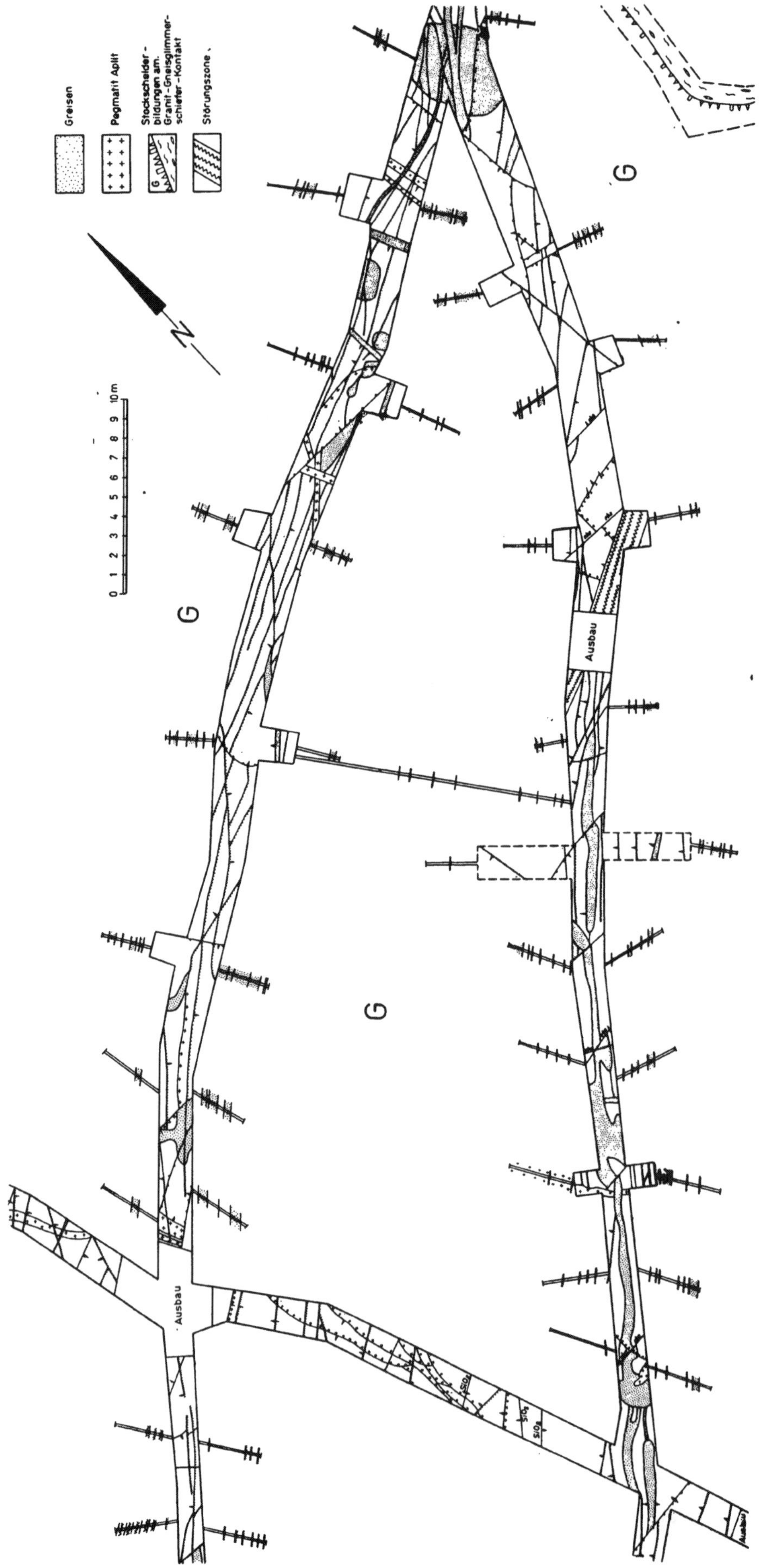

Abb. 4. Ausschnitt aus Bemusterungsriß der 113-m-Sohle, Objekt Geyer

lochsehrohr kann besonders im Spatbergbau, in dem heute noch außerordentlich viele Tastquerschläge aufgefahren werden, zu erheblichen Einsparungen führen.

Literatur

BOLDUAN, H. & P. RICHTER: Bericht über die geologischen und wirtschaftlichen Ergebnisse der 1957–1960 durchgeführten Erkundungsarbeiten auf Zinn/Wolfram-Erze im Objekt Geyer-Binge. – Akten des GD Freiberg, unveröff. (1961).

BRÖCKER, H. E. & G. DIETRICH: Möglichkeiten der Bohrstaubbekämpfung unter besonderer Berücksichtigung des Trockenbohr-Absaugverfahrens im Erzbergbau. – Bergbautechnik, 8, S. 507–518, Berlin 1958.

GOTTE, W. & G. RICHTER: Bericht über die geologischen und wirtschaftlichen Ergebnisse der 1953 bis 1959 durchgeführten Erkundungsarbeiten auf Blei/Zink-Erze im Brander Revier. – Akten des ZGD, unveröff. (1960a).

– Geologische und bergmännische Probleme beim Anfahren einer wasserführenden Gangzone im Brander Revier. – Freiberger Forsch.-H., A 176 (1960b).

LEWIEN, E.: Bohrlochuntersuchungsgerät für die geologische Erkundung. – Z. angew. Geol., 2, S. 269–270, Berlin 1956.

– Mechanisierung der Probenahme bei untertägigen geologischen Erkundungsarbeiten. – Z. angew. Geol., 6, S. 513–514, Berlin 1960.

SCHEFFLER, H.: Hammerbohrungen als Probenahmemethode in stark absetzigen Lagerstätten. – Z. angew. Geol., 6, S. 344–345, Berlin 1960.

MILIAN GRADIŠNIK, Lendava

Jugoslawiens tiefste Bohrung[1)]

Referiert von KURT KAUTER, Berlin

1938 förderte Jugoslawien 910 t Erdöl. 1946 stieg die Produktion auf 25835 t, 1960 auf 943000 t. An erster Stelle der erdölhöffigen Gebiete steht das Pannonische Becken, an zweiter Stelle die Adria-Zone, die das Küstengebiet von Crna Gora, die Herzegowina, das kroatische und das slowenische Küstengebiet umschließt. In dem kroatischen Küstengebiet wurde eine tiefe Erkundungsbohrung angesetzt. Sie begann mit dem Bohren am 9. 9. 1959 und wurde am 30. 11. 1960 bei einer Endteufe von 4535,1 m eingestellt. Diese Tiefbohrung hatte folgende Aufgaben zu lösen:

a) Untersuchung der regional-geologischen, stratigraphischen, lithologischen und tektonischen Verhältnisse.

b) Die gewonnenen Bohrergebnisse sollten als Unterlagen für die Erforschung der paläogeographischen und sedimentären Verhältnisse im Gebiet von Ravni Kotari dienen.

c) Der Komplex der mesozoischen Sedimente von Kreide, Jura und Trias war zu durchteufen und das Oberperm nachzuweisen.

d) Die Ergebnisse dieser Bohrung sollten mit den im Küstengebiet von Crna Gora und in Rovinj gewonnenen Erkenntnissen verglichen, wenn möglich korreliert werden.

Mit der erreichten Endteufe waren leider nur einige der gestellten Aufgaben zu lösen. Das Gesamtergebnis sieht folgendermaßen aus:

1. Bis zur Endteufe wurden die mesozoischen Sedimente nicht durchbohrt, das Paläozoikum nicht nachgewiesen.

2. Es konnte festgestellt werden, daß die Sedimente ab 2000 m Teufe bis zur Bohrlochsohle anders ausgebildet waren als vermutet. Man hatte die fast 2500 m mächtige Anhydrit-Serie mit Zwischenlagen von Kalken und Dolomiten nicht in diesem Ausmaß erwartet, sondern sie nur auf einige 100 m geschätzt.

3. In der Anhydrit-Serie, und zwar in den Kalk- und Dolomitzwischenlagen und gewissermaßen auch in den Klüften des Anhydrits, wurden Erdölspuren festgestellt. Die Porosität war aber sehr gering.

4. Die mesozoischen Schichten sind erdöl- und erdgashöffig. Erkundungsarbeiten sind auf jene Bereiche zu konzentrieren, die nach geologischen Feststellungen für die Erdöl-Erdgasanhäufung und für die Entwicklung guter poröser Speichergesteine am günstigsten sind.

5. Die Ergebnisse dieser Tiefbohrung werden zusammen mit den Resultaten der Oberflächengeologie bei der Klärung der erdölgeologischen Strukturverhältnisse, sowohl in Ravni Kotari als auch im ganzen Bereich des Adria-Gebietes, von Nutzen sein.

Im Hinblick auf die weitere Entwicklung der Bohrtätigkeit in der DDR sind folgende technisch-betriebliche Einzelheiten von großem Interesse. So hat die Bohranlage, eine Bethlehem-Tornado-Konstruktion, folgende technische Daten:

Teil	Stück Erzeugnis	Tragfähigkeit t	Leistg. PS	Kapazität	Max. Druck at	Gewicht t
Bohrturm	1 Lee C. Moore	300				55,4
Elevator	1 Bethlehem			$4^{1}/_{2}''$ 4000 m		4,1
Spülpumpe	2		460	2224 l/min	178	37,6
Spülkopf	1 ,,	300			300	3,3
Bohrtisch	1 ,	300	500			5,0
Bohrhaken	1 ,,	300				2,6
Flasche	1 ,,	300				3,6
Turmrolle	1 ,,	300				4,6
Motoren	8 Gen. Motors		130			13,6

Die Nominalkapazität der Anlage für $4^{1}/_{2}''$-Gestänge lag bei 4000 m, für $3^{1}/_{2}''$-Gestänge bei 5000 m.

Das Bohrloch war folgendermaßen konstruiert:

0,00– 234,10 m–$17^{3}/_{8}''$ (441,32 mm)
234,10–1601,10 m–$12^{1}/_{4}''$ (311,15 mm)
1601,10–3508,60 m– $8^{5}/_{8}''$ (219,07 mm)
3508,60–3868,20 m– $7^{5}/_{8}''$ (193,67 mm)
3868,20–4535,10 m– $6^{1}/_{8}''$ (155,57 mm)

Folgende Verrohrung wurde eingebaut:

0,00– 234,10 m $13^{3}/_{8}''$ (H 40–48 lb/ft ≅ 71,3 kg/m)
0,00–1595,20 m $9^{5}/_{8}''$ (J 55–40 lb/ft ≅ 59,5 ,, ,,)

Aus diesen Angaben ist ersichtlich, daß mit solchen Durchmessern gebohrt wurde, die notfalls den Einbau einer zweiten technischen Kolonne mit einem Durchmesser von 7″ bis 3508,6 m erlaubten.

Geologisch hat die Bohrung ab ca. 2000 m eine Wechselfolge von Anhydrit mit Kalken und Dolomiten

[1)] Aus: „Nafta", Jg. XII, Nr. 3–4, S. 100–103, Zagreb 1961 triassischen Alters angetroffen, die bis zur Endteufe nicht durchfahren worden waren. Diese Minderung des geologischen Ergebnisses brachte aber gewisse technische Vorteile, weil kein Spülverlust auftrat und die Bohrlochwand stabil war.

Spülproben, Kerne und Elektrokarottage ergaben, daß keine Kohlenwasserstoffspeicher durchörtert worden waren. Deshalb konnte man auf den Einbau einer Produktionstour verzichten. Über das Bohrregime liegen folgende Angaben vor: Die Bohrung wurde, abgesehen von den Kernstrecken, mit 86 neuen und 13 neu besetzten amerikanischen Dreikegel-Rollenmeißeln niedergebracht. Die Durchschnittsleistung eines Meißels betrug 43,5 m. Die gesamte Meißelstrecke betrug 4308,5 m, die gesamte Kernstrecke 226,6 m = 5%. Die insgesamt 77 Kernmärsche verteilten sich auf Intervalle von etwa 58 m. Es wurden 53 neue und 3 neu besetzte Kronen amerikanischer Provenienz benutzt. Jede Krone bohrte im Durchschnitt 4,05 m.

Über das verwendete Bohrgestänge und die Schwerstangen gibt folgende Tabelle Auskunft:

	Bohrgestänge			Schwerstangen			
Intervall	ø″	Verbindung	kg/m	ø″	Verbindung	kg/m	kol. m
0,00–1601	$5^1/_2$	FH	32,8	$6^5/_8$	FH	182,4	189
1601–3508	$4^1/_2$	FH	24,7	$5^3/_4$	FH	98,5	166
3508–4535	$4^1/_2$	FH	24,7				
	$3^1/_2$	IF	23,0	$4^3/_4$	IF	69,5	193,2

Das Bohrregime wies folgende Daten auf:

Tiefe m	ø des Bohrlochs	Last t	Umdrehung pro min (Drehtisch)	Spülung l/min.	Meißeltyp
0,00–234,10	$17^3/_8$	10	80–200	2224	OSC–3
–1601,10	$12^1/_4$	11	70	2224	OSC–3
					OSC–1
–3508,60	$8^5/_8$	8	65	1908	OSC; OSQ-2
–3868,20	$7^5/_8$	6	60–70	1480	OSC; OWS
–4535,10	$6^1/_8$	5	50–60	1480	OWS; W7R

Die Inklinometermessungen, die während des gesamten Bohrablaufes in regelmäßigen Abständen vorgenommen wurden, ergaben bei Erreichen der Endteufe eine Abweichung von 335 m in 240° bei einem durchschnittlichen Neigungswinkel von 4°.

Die Spülung wies folgende Charakteristika auf:

0– 234 m	gewöhnliche Bentonit-Spülung
–1550 m	Natrium-Phosphat-Spülung
–1712 m	Rote Spülung (pH 8–8,5)
–1990 m	Kalzium-Spülung mit niedrigem Gehalt an $Ca(OH)_2$
–4535 m	Kalzium-Spülung mit hohem Gehalt an $Ca(OH)_2$

Im letzten Abschnitt, d. h. ab 1990 m bis Endteufe, wurden der Spülung größere Mengen von $Ca(OH)_2$ beigegeben, um die Anfälligkeit gegen $CaSO_4$ herabzusetzen. Die $Ca(OH)_2$-Menge betrug bis 2,2 kg/m³. Die wichtigsten physikalischen Eigenschaften der Spülung waren folgende: Dichte 1,37 kg/dm³, Viskosität nach MARSH 42 sec, Sandgehalt 0,25%, freies Wasser 6 cm³/30 min und Tonkruste 0,5 mm.

Innerhalb der Bohrzeit betrug der gesamte Zeitaufwand 12410 Stunden.

Bedenkt man, daß die Bohrung 525 km vom Bohrbetrieb und Materialstützpunkt entfernt war, dann sind die nachstehenden Zahlen durchaus befriedigend:

A) Produktive Zeiten	Stunden
1) Vorbereitungen zum Bohren	78
2) Bohren und Kernen	6541
3) Einbau und Ausbau des Gestänges, Auswechseln der Meißel	2115
4) Spülung und Reinigung der Bohrung	132
5) Profilerweiterung	35
6) Behandlung der Spülung	147
7) Abweichungsmessungen und Elektrokarottage	280
8) Montage und Prüfung der Eruptionsvorrichtung	38
9) Auswechseln des Bohrgestänges	107
10) Testen und Inbetriebnahme der Bohrung	7
11) Verrohrung	152
12) Zusammensetzen und Auseinandernehmen der Kernapparatur	61
B) Unproduktive Arbeiten	
1) Instrumentation	612
2) Reparaturen	300
3) Arbeitspausen und Feiertage	504
4) Wartezeiten, Unterbrechungen in der Energie-, Wasser-, Materialzufuhr usw.	212
5) Restliche unproduktive Arbeiten	417
C) Montage und Transport	
1) Turmmontage	168
2) Montage der Anlage	288
3) Transport der Bohrgarnitur und des übrigen Materials	216

Nach diesen Angaben entfallen also auf:

produktive Arbeiten	78,12%
unproduktive Arbeiten	16,48%
Montage – Transport	5,40%
	100 % des Zeitfonds

Aus den Unterlagen sind folgende technisch-ökonomische Kennziffern für diese Bohrung zu entnehmen:

Bohrtiefe	M = 4535,10 m
Reine Bohrzeit	t = 6541 Stunden
Gesamtbohrzeit	T = 478 Tage
Dauer des Bohrprozesses	A = 11738 Stunden

A) Mechanische Bohrgeschwindigkeit

$$S_m = \frac{M}{t} = \frac{4535,10}{6541} = 0,69 \text{ m/h}$$

B) Technische Bohrgeschwindigkeit ≅ ökon. Bohrgeschw.

$$S_t = \frac{M}{A} = \frac{4535}{11738} = 0,39 \text{ m/h} \cong 281,5 \text{ m/Monat}$$

C) Kommerzielle Bohrgeschwindigkeit ≅ zykl. Bohrgeschw.

$$S_k = \frac{M}{T} = \frac{4535,10}{478} = 9,49 \text{ m/Tag}$$

An wichtigsten Materialien wurden folgende Mengen und Werte verbraucht:

A) Schutzrohre		
	Ø $13^3/_8$″	20,7 t
	Ø $9^5/_8$″	92,5 t
	Insgesamt:	113,2 t

B) Brenn- und Schmierstoffe

Gasöl und Petroleum	188 t
Motorenöl	11 t

C) Bentonit, Chemikalien und Wasser für die Spülung

Bentonit	108000 kg
Baryt	34000 ,,
Lucel (Karboxymethylzellulose)	9300 ,,
Gelöschter Kalk	4050 ,,
Quebracho	3500 ,,
Natriumhydroxyd	3400 ,,
Obasil	2000 ,,
Tannin	1500 ,,
KZR (Cellophan-Flocken)	725 ,,
Phosphate (Pyrophosphate)	660 ,,
Ton	26 m³
Wasser	2900 ,,

A)	Material	87132652 Dinar
B)	Ausländische Dienstleistungen u. Lieferungen	23827860 ,,
C)	Löhne	23452718 ,,
D)	Dienstleistungen	41508337 ,,
E)	Amortisation	51556505 ,,
F)	Zinsen für Grundmittel	6767780 ,,
G)	Große Reparaturen	16658096 ,,
H)	Verwaltung	13600000 ,,
	Insgesamt: oder 58325 Dinar/m	264503948 Dinar

Die Kosten für die Spülung betrugen 2458 Dinar/m. Die gesamten Bohrkosten betrugen 264503948 Dinar = 58325 Dinar/m. Diese Summe ergibt sich aus nebenstehender Aufstellung.

Diese Bohrung stellt für die verhältnismäßig junge jugoslawische Erdölindustrie einen großen wissenschaftlichen und technischen Erfolg dar.

E. A. KOSLOWSKIJ

Anwendung von Stahlschrot und Luftspülung in Erkundungsbohrungen[1)]

Referiert von KURT KAUTER, Berlin

Im Mjaotschansker Gebiet fand eine Reihe von Versuchsbohrungen mit Stahlschrot und Luftspülung statt zum Vergleich mit entsprechenden Bohrungen der üblichen Art. Zu diesem Zweck wurden 300-m-Löcher in Gesteinen der Bohrfähigkeit IX—XI niedergebracht in Schichten ohne Wasserführung.

Die technische Ausrüstung bestand aus einem Bohraggregat SIF—300, angetrieben von einem Elektromotor von 14 kW, das später gegen ein anderes des Typs SIF—650 A mit einem Elektromotor von 28 kW ausgetauscht wurde. Für die zweite Bohrung stand eine Bohranlage vom Typ KAM—500 mit einem Elektromotor von 20 kW zur Verfügung. Das Bohrgestänge hatte einen Durchmesser von 50 mm mit Nippelverbindern.

Gegen Verstauben und Verschmutzungen der Arbeitsbühne wurden hermetische Abdichtungen entwickelt. Ein ebenfalls neu entwickelter Preventer braucht zum Ein- und Ausbau des Gestänges nicht abmontiert zu werden. Zur Abdichtung dienen spezielle Dichtungsringe aus Gummi, die leicht anzubringen und abzunehmen sind.

Von einem Kompressor DK—9 führte eine 3″-Leitung zum Preßluftkopf einer Pumpe 200/40 und von dort eine Druckleitung zur Dichtung. Die Konstruktion der Anlage ist derart, daß sie kurzfristig auf Flüssigkeitsspülung umgestellt werden kann, wenn die Luftspülung nicht den gewünschten Effekt bringen sollte.

Beim Bohrregime wurde mit einem Bohrdruck von 550—750 kg in Abhängigkeit von der Gesteinsbeschaffenheit gearbeitet. Die Drehzahl variierte zwischen 80 und 180 U/min. Bei einer Drehzahl von 300 U/min sank der Bohrfortschritt ab. Ausschlaggebend ist die Aufstiegsgeschwindigkeit des Luftstromes, die bei gröberem Bohrklein größer sein muß. Beim Trockenbohren wird der Luftdruck pro 10 m Bohrfortschritt um 0,1—0,2 at erhöht. Stärkere Wasserzuflüsse bedingen eine weitere Erhöhung des Luftdruckes. Der Bohrfortschritt hängt weitgehend von der richtigen Beschickung der Bohrlochsohle mit Schrot ab. Die erste Menge Schrot von 1,5—5 kg wurde über das Bohrgestänge zugeführt, dann erfolgte die weitere Zufuhr alle 1 bis 1,5 Arbeitsstunden mit je 1,5 kg.

Für die einzelnen Bohrfähigkeitskategorien werden folgende Bohrregime vorgeschlagen:

Tabelle 1

Technologie des Bohrregimes	Gesteinskategorie IX	X	XI	XII
Spez. Druck auf die Bohrkrone in kg/cm²	25	25–30	30–35	30–35
Umfangsgeschw. der Bohrkrone in m/sec	0,9–1,0	0,8–0,9	0,8–0,9	0,7–0,8
Aufstiegsgeschwindigkeit der Luft in m/sec	0,9–1,1	0,8–0,9	0,7–0,8	0,7–0,8
Bohrschrotmenge	1,5 kg u. nach 2 Std. noch je 400 g	2,5 kg u. nach je 2 Bohrstd. noch 1,5 kg		4–5 kg, nach 1,5 Bohrstd. noch 1 kg

Eine Gegenüberstellung der Ergebnisse des Bohrens mit Luftspülung zu der bisherigen Bohrmethode mit Flüssigkeitsspülung gibt die Tab. 2.

Tabelle 2

Gesteinskategorie des durchb. Gebirges	Bohren mit Luftspülung: Bohrrate in Metern	Reine Bohrzeit in Std.	Bohrfortschritt je Std. in m	Bohren mit Klarwasserspülung: Bohrrate in Metern	Reine Bohrzeit in Std.	Bohrfortschritt je Std. in m
X	1,50	1,32	1,13	2,15	2,00	1,07
X	1,50	2,18	0,69	0,75	3,00	0,25
X	2,10	1,25	1,68	0,80	2,00	0,40
IX–X	3,05	4,75	0,64	3,00	6,00	0,50
X–IX	1,60	5,00	0,32	1,00	6,00	0,17

Die Tab. 3 berücksichtigt den ökonomischen Nutzen im Vergleich beider Systeme. Dabei ist zu beachten, daß der Abstand der Bohrlöcher voneinander nicht größer

Tabelle 3

Spülungsverfahren	Bohrl. ⌀ in mm	Gesamtbohrzeit in Tagen	Bohrabschnitt in m	insges. durchteuft in m	mech. Bohrzeit in Std.	mittl. mech. Bohrgeschwind. in m/sec
Klarwasser	110	19	67,00–149,65	81,35	312	0,25
Luft	110	16	67,45–149,00	81,65	192	0,42
Klarwasser	110	14	36,10–101,20	65,10	248	0,26
Luft	110	15	36,00–101,00	65,00	180	0,36

[1)] Aus „Raswedka i ochrana nedr", Nr. 12, 1959

war als 30 bis 40 m. Es sind jeweils die gleichen geologischen Profile angetroffen worden.

Die Gesamtbohrzeit allerdings, berechnet auf den Monat, verringert sich nicht, weil beim Schrotbohren mit Luftspülung die Hilfsarbeiten im Falle des Antreffens wasserführender Horinzonte sehr umfangreich sind. Auch ist der Kerngewinn besonders hinsichtlich der Kerndimension geringer, weil der Stahlschrot im Bohrloch den Gesteinskern angreift.

Als effektive Vorteile werden folgende Punkte angeführt:

1. Der hydrostatische Druck im Bohrloch nimmt ab, dies ist die Ursache für einen hohen Bohrfortschritt.
2. Man bekommt dadurch vollständigere, vollkommenere und relativ bessere geologische Angaben.
3. Spülungstransport entfällt.
4. Die allgemeinen Arbeitsbedingungen der Bohrarbeiter verbessern sich bedeutend, die Verschmutzung durch die Flüssigkeitsspülung entfällt.

Entwicklung von Tiefbohrzement in der DDR[1]

KLAUS SCHULZE, Gommern

Die großen Aufgaben, die der Erkundung von Erdöl- und Erdgaslagerstätten in der DDR gestellt sind, setzen eine intensive Bohr- und Fördertätigkeit voraus. Gleichzeitig damit muß eine qualitative Verbesserung der Bohrarbeiten und Komplettierung der Sonden erreicht werden. Das verlangt u. a. auch eine weitgehende Verbesserung und Spezialisierung der Zementationsarbeiten an den Bohrlöchern. Um diesen Forderungen nachzukommen, macht sich die Entwicklung und die Anwendung von speziellen Tiefbohrzementen erforderlich.

Bei den Zementationen der in den letzten Jahren abgeteuften Bohrungen traten zahlreiche Mängel auf. Derartige Fehler sind meistens schwer zu korrigieren und haben oft eine Schädigung der Lagerstätte zur Folge. Zu einem Teil konnten Fehlzementationen auf eine falsche Auswahl der verwandten Zemente bzw. auf das Fehlen von Spezialzementen zurückgeführt werden.

Für die Zementationsarbeiten wurden in der Hauptsache Portlandzemente 375 von Karsdorf, Rüdersdorf und Schwanebeck sowie teilweise Hochofenzemente 225 von Rüdersdorf und Unterwellenborn benutzt. Den im Bohrloch herrschenden Bedingungen, der mit der Teufe zunehmenden Temperatur und dem ansteigenden hydrostatischen Druck, entsprechen die normalen Bauzemente nicht. Ihre Verwendungsmöglichkeit wird dadurch wesentlich eingeengt. Bei einer Bohrlochzementation müssen an die Güte des Zements sehr spezifische, aber manchmal einander widersprechende Anforderungen gestellt werden.

Gegenüber den speziellen Tiefbohrzementen weisen die Bauzemente bei der Verwendung im Bohrprozeß eine Reihe von Nachteilen auf. Im Gegensatz zu der in der Bauindustrie gebräuchlichen Mörtelmischung mit Sand muß bei den Arbeiten im Bohrloch der Zement zu einer wasserreichen, niedrig viskosen Schlämme angerührt werden, um eine gute Verpumpbarkeit zu gewährleisten. Das setzt einen hohen Wasserzusatz von etwa 40—50% des Zementgewichtes voraus. Hier können vielerlei Schwierigkeiten auftreten. Starke Sedimentationserscheinungen verhindern teilweise die völlige Absperrung der eine Lagerstätte abschließenden Gaskappe. Unter dem im Bohrloch herrschenden hydrostatischen Druck der Zementschlämme wird ein Teil des Wassers abgepreßt, was zur Bildung von Wassertaschen oder zur Infiltration von Süßwasser in die Lagerstätte führen kann. Dazu wirkt sich bei zunehmender Teufe und ansteigender Temperatur die starke Verkürzung der Abbindezeiten ungünstig aus. Dadurch sind die normalen Bauzemente ohne Zusatz von Verzögerern nur bis zu einer Temperatur von etwa 60° C einzusetzen, was einer Spülungsumlauftemperatur in etwa 2000 m Teufe gleichkommt.

Die Entwicklung hoher Anfangsfestigkeiten bei Bauzementen hat eine negative Auswirkung beim Perforieren des Zementes. Der Zementkörper zeigt dann infolge seiner hohen Sprödigkeit Rißbildung.

Ein wesentlicher Nachteil der normalen Portlandzemente besteht darin, daß sie nicht korrosionsbeständig gegen aggressive Einflüsse sind. Die in einem Bohrloch zulaufenden Wässer weisen teilweise einen hohen Mineralisationsgrad auf. Vor allem gilt dies beim Durchteufen von Gips, Anhydrit oder Carnallit, wo größere Mengen von Magnesium- und Sulfationen in diesen Wässern gelöst sind. Eine Übersicht über den durchschnittlichen Bereich ihrer Zusammensetzung zeigt Tab. 1.

Tab. 1. Durchschnittliche Zusammensetzung von Erdölwässern

Na	20000–100000 mg/l	Cl	100000–30000 mg/l
K	1000– 20000 mg/l	Br	500– 2000 mg/l
Ca	1000– 23000 mg/l	J	4– 10 mg/l
Mg	1000– 15000 mg/l	SO_4	300– 2000 mg/l

Die schädigende Wirkung dieser Wässer beruht vor allem auf dem Einfluß der Sulfationen, die mit dem Zement in Reaktion treten.

Portlandzement ist im wesentlichen ein Gemisch aus vier Klinkermineralien:

$3\,CaO \cdot SiO_2$	(C_3S)	Tricalciumsilikat
$2\,CaO \cdot SiO_2$	(C_2S)	Dicalciumsilikat
$3\,CaO \cdot Al_2O_3$	(C_3A)	Tricalciumaluminat
$4\,CaO \cdot Al_2O_3 \cdot Fe_2O_3$	(C_4AF)	Tetracalciumaluminatferrit

Diese Klinkermineralien reagieren beim Zusammentreffen mit Wasser unter Wärmeentwicklung und bilden die entsprechenden Hydrationsprodukte. Kommt der erhärtete Zement mit Sulfatlösungen in Berührung, so bildet sich mit dem Kalk und der Tonerde des Zementes ein neues Mineral, dem man anfangs den Namen „Zementbazillus" gab.

Diese Verbindung

$$3\,CaO \cdot Al_2O_3 \cdot 3\,CaSO \cdot 31\,H_2O \text{ — Ettringit}$$

zerstört den Zement. Durch die große Menge an Kristallwasser vergrößert dieses Mineral sein Volumen derart, daß es den erhärteten Zementkörper zertreibt.

Bei Alkalisulfatlösungen bildet sich dabei Alkalihydroxyd, und der Zement löst sich in eine weiche, schwammige Masse auf, während bei Magnesiumsulfat durch Umsetzen mit Kalkhydrat Magnesiumhydroxyd entsteht und die Reaktion unter Bildung von Gips

[1] Eingang des Manuskripts in der Redaktion: 21. 11. 1961.

reversibel verläuft. Der Zement zerfällt dabei in kleine, harte Stücke. An der Bildung dieser Verbindung ist vor allem die Tonerde beteiligt. Bei der Herstellung eines sulfatbeständigen Zementes muß man also die Tonerde in eine Verbindung überführen, die nicht mit den Sulfatlösungen unter Bildung von Ettringit reagiert. Das wird erreicht, indem man das die Tonerde enthaltende Tricalciumaluminat (C_3A) durch Erhöhung des Fe_2O_3-Gehaltes in Tetracalciumaluminatferrit überführt. Der Tricalciumaluminatanteil, der in normalen Portlandzementen 10—15% beträgt, muß in einem sulfatbeständigen Zement unter 3% gesenkt werden. Bei sehr guten sulfatresistenten Tiefbohrzementen liegt er sogar unter 1%.

Aus den aufgeführten Eigenschaften der Portlandzemente ergeben sich folgende Hauptforderungen an einen Tiefbohrzement, die bei einer Entwicklung berücksichtigt und in Einklang gebracht werden müssen:

1. niedrige Viskosität der Schlämme, um gute Verpumpbarkeit zu garantieren;
2. Verlängerung der Abbinde- bzw. Versteifungszeit, vor allem unter den im Bohrloch herrschenden Temperatur- und Druckbedingungen;
3. hohe Resistenz gegenüber den im Bohrloch herrschenden aggressiven Einflüssen;
4. gute Lagerungsfähigkeit.

Bei der Entwicklung von Tiefbohrzement im Institut für Zement in Dessau wurde auf diese Forderungen eingegangen. In der Versuchsanlage des VEB Zementanlagebau Dessau erfolgte kleintechnisch die Herstellung einiger Versuchszemente, deren C_3A-Gehalt unter 1% lag. Mit diesem Material führten wir im Laboratorium eingehende Untersuchungen durch. Die hergestellten Versuchszemente enthielten keinerlei chemische Zusätze zur Regelung der Abbindezeiten oder Verringerung der Wasserabgabe.

Zum Vergleich für die durchgeführten Untersuchungen dienten die Prüfungsergebnisse der Portlandzemente 375 von Karsdorf und Schwanebeck sowie des Hochofenzementes 225 von Unterwellenborn. Von den untersuchten Zementen wurden bei den einzelnen Prüfungen die in Tab. 2 angeführten Werte erhalten.

Abbindezeiten

Die Prüfung der Abbindezeit erfolgt nach dem auch in der Bauindustrie üblichen Vicat-Test. Gemessen wird dabei die Eindringungstiefe einer Nadel in den Zementbrei. Dieses Verfahren weist eine Reihe von Nachteilen auf. Die Bedingungen, unter denen die Messungen durchgeführt werden können, entsprechen nicht denen im Bohrloch. Der Einfluß des Druckes bleibt in jedem Fall unberücksichtigt. Weiterhin gestattet diese Methode nur eine statische Messung. Dadurch können vor allem im Bereich höherer Temperaturen Schwierigkeiten durch „falsches Abbinden" auftreten. Die Problematik dieses Testes ist hinreichend bekannt. Sie führte in den USA zur Entwicklung von Konsistometern zur Messung der Versteifungszeit.

Der Beginn der Abbindezeit wird allgemein als Grenze der Pumpbarkeit angenommen. Die Messungen erfolgten bei verschiedenen Temperaturen, bei einer Lagerung der Proben im Wasser.

Die mit dem Vicat-Test erhaltenen Ergebnisse in Tabelle 2 zeigen deutlich die wesentlich zu kurzen Abbindezeiten der normalen Portlandzemente. Mit

Tab. 2. Abbindezeiten einiger Zemente bei verschiedenen Temperaturen (Wasser: Zement = 0,50)

	50 °C		75 °C		95 °C	
	Beginn	Ende	Beginn	Ende	Beginn	Ende
PZ 375 Karsdorf	2,25	3,15	1,30	2,05	0,55	1,50
PZ 375 Schwanebeck	2,15	2,40	0,50	1,10	0,25	1,25
HOZ 225 Unterwellenborn	3,15	4,35	2,20	2,50	2,20	3,25
Tiefbohrzement A	4,00	5,45	4,50	5,35	4,30	5,10
Tiefbohrzement B	–	–	3,20	5,05	3,05	4,35

steigender Temperatur ist bei diesen eine starke Abnahme der Abbindezeiten zu bemerken. Der in den GOST-Normen geforderte minimale Abbindebeginn von $1^3/_4$ Std. für „heiße Sonden" (75° C) wird nicht erreicht. Dagegen sind die bei den Versuchstiefbohrzementen erhaltenen Zeiten, die oft das 3—4fache der Zeiten der Portlandzemente betragen und auch noch über denen der Hochofenzemente liegen, sehr zufriedenstellend. Der Einfluß der Temperatur wirkt sich hier nicht wesentlich verkürzend auf die Abbindezeiten aus. Dabei muß jedoch berücksichtigt werden, daß bei allen Messungen der Einfluß des Druckes unberücksichtigt blieb.

Versteifungszeiten der Zemente

An Stelle der Abbindezeiten wird heute in den meisten Erdölländern die Versteifungszeit der Zementschlämme gemessen. Damit ist die Zeit definiert vom Anrühren der Zementschlämme bis zum Erreichen einer Viskosität von 100 Poise. Die Messung erfolgt in einem Hochdruckkonsistometer unter ansteigenden Temperatur- und Druckbedingungen, analog den Verhältnissen im Bohrloch. Temperatur- und Druckanstieg sind unabhängig voneinander je nach den Feldbedingungen zu regeln.

Die Viskosität wird mit einem Rotationsviskosimeter gemessen. Die Methode erlaubt, den genauen Zeitraum festzustellen, in dem die Zementschlämme pumpbar ist. Als Grenze der Pumpbarkeit wird allgemein eine Viskosität von 30—50 Poise angenommen.

Auf Grund freundschaftlicher Vereinbarungen konnten im Laboratorium des ungarischen Erdöltrustes in Budapest einige unserer Zemente in einem dort entwickelten Hochdruckkonsistometer geprüft werden.

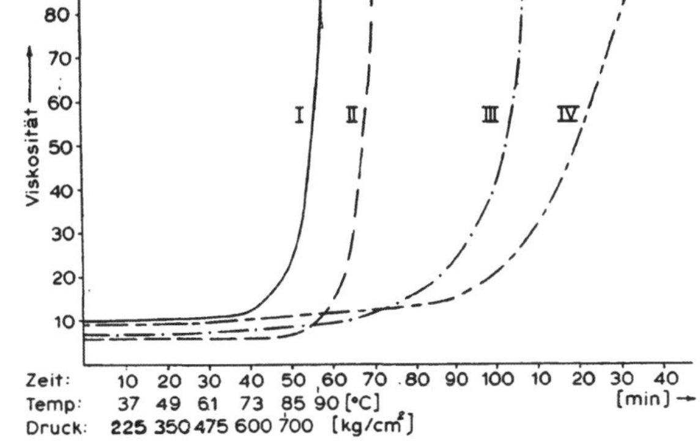

Abb. 1. Versteifungszeitkurven von Zementen bei 90° C
I – PZ 375 Karsdorf, II – HOZ 225 Unterwellenborn, III – Tiefbohrzement A, IV – Tiefbohrzement B

Es wurden verschiedene Meßreihen mit variierten Versuchsbedingungen durchgeführt. Abb. 1 zeigt die Versteifungszeitkurven einiger Zemente bei einer Temperatur bis zu 90° C. Der Temperaturanstieg betrug 1,2° C/min, der Druckanstieg 12,5 atü/min bei einem Enddruck von 700 atü. Damit entsprechen die Prüfbedingungen etwa denen einer Zementation in 3000 m Teufe.

Die Portland- und Hochofenzemente haben mit 58 min bzw. 70 min sehr kurze Versteifungszeiten und sind ohne Verzögerer nicht verwendbar. Dagegen weisen beide Tiefbohrzementproben mit 106 min bzw. 136 min relativ gute Werte auf.

Die zweite Meßreihe, Abb. 2, zeigt Versteifungskurven, wie sie nur unter extrem schwierigen geologischen Bedingungen anzutreffen sind. Hierbei sollte die maximale Einsatzfähigkeit der Tiefbohrzemente getestet werden. Die Prüfung erfolgte bis zu einer Temperatur von 130° C, bei einer Temperatursteigerung von 2,5° C/min, einem Enddruck von 700 atü mit 25 atü Druckanstieg pro Minute. Die hohe Temperatursteigerung ist in Gebieten mit einer sehr niedrigen geothermischen Tiefenstufe gegeben. Unter normalen Bedingungen entspricht sie einer Zementation in 4500—4800 m Teufe.

An beiden Tiefbohrzementproben ist festzustellen, daß nach Erreichen einer Temperatur von 120° C eine plötzliche Versteifung eintritt. Es scheint also, wie schon WITTEKINDT feststellte, für unverzögerte Tiefbohrzemente eine kritische Temperatur zu geben. Ein Versuch, den Tiefbohrzement B bis zur Temperatur von 130° C einer langsamen Temperatursteigerung von 1,2° C/min auszusetzen (Abb. 3), zeigte bei etwa 120° C ebenfalls eine plötzliche starke Viskositätserhöhung.

Die Forderung, daß die Versteifungskurven anfangs sehr flach und später steil ansteigend verlaufen, erfüllten alle Zemente.

Die erhaltenen Versteifungszeitwerte sind für die Tiefbohrzemente sehr gut, wenn man bedenkt, daß nur unverzögerte Zemente geprüft wurden. Die Portland- und auch Hochofenzemente erweisen sich, wie schon bei den Abbindezeiten, als für einen Einsatz in tiefen Bohrungen nicht geeignet. Gegenüber den gemessenen Abbindezeiten zeigen sich jedoch große Unterschiede. Allgemein wird angenommen, daß die Zemente bis Beginn der Abbindezeit pumpbar sind. An den Versteifungszeitkurven kann man jedoch ersehen, daß beide

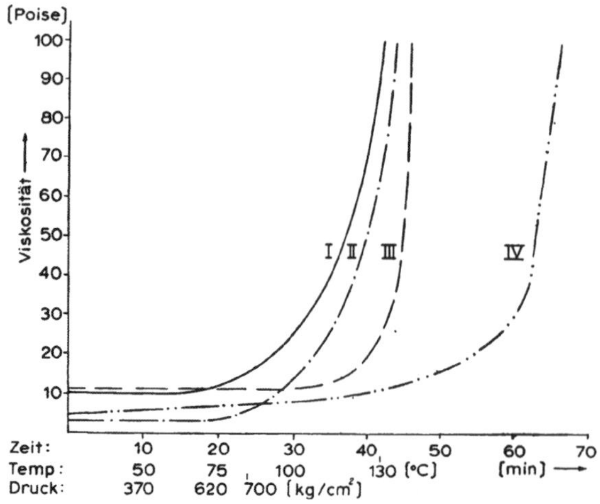

Abb. 2. Versteifungszeitkurven von Zementen bei 130° C
I — Tiefbohrzement B, II — PZ 375 Karsdorf, III — HOZ 225 Unterwellenborn, IV — Tiefbohrzement A

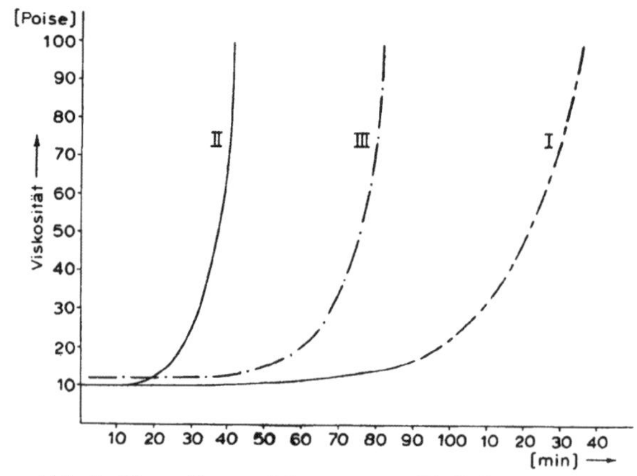

Abb. 3. Versteifungszeitkurven von Tiefbohrzement B

	I	II	III
Endtemperatur	90 °C	130 °C	130 °C
Temperaturanstieg	1,2 °C/min	2,5 °C/min	1,2 °C/min
Enddruck	700 atü	700 atü	700 atü
Druckanstieg	12,5 atü/min	25 atü/min	12,5 atü/min

Zeiten nicht übereinstimmen. Während die Versteifungszeiten der Portlandzemente nur wenig verringert sind, zeigen die Hochofen- und Tiefbohrzemente eine relativ große Abnahme. Es ist somit immer problematisch und mit einem großen Risiko verbunden, die Pumpfähigkeit mittels Vicat-Test zu bestimmen.

Biegezug- und Druckfestigkeit

Von allen Zementen erfolgte eine Prüfung auf Biegezug- und Druckfestigkeit nach verschiedenen Zeitabständen. Dabei lagerten die Probekörper in Wasser bei 18° C. Wie aus den Tab. 3 und 4 ersichtlich ist, weisen die Portlandzemente gegenüber dem Tiefbohrzement wesentlich höhere Festigkeiten auf. Vor allem sind die Anfangsfestigkeiten nach 24 bis 72 Stunden beim normalen Portlandzement schon sehr hoch. Das ist hauptsächlich auf den hohen C_3A-Anteil zurückzuführen. Tricalciumaluminat ist von allen Klinkermineralien das reaktionsfähigste und hat auch die höchste Wärmetönung von 102 cal/g. Diese Anfangsfestigkeit kann beim Perforieren des Zementmantels oder bei Beanspruchung durch Stoß zur Rißbildung und damit Verwässerung der Bohrung führen.

Nach amerikanischen Angaben soll möglichst bei einer Druckfestigkeit von 40—140 kp/cm² perforiert werden. Diese Werte sind bei den Portlandzementen

Tab. 3. Biegezugfestigkeit der Zemente bei 18° C Wasserlagerung (Wasser : Zement = 0,50)

	24 Std.	48 Std.	72 Std.	7 Tage
PZ 375 Karsdorf	35 kp/cm²	50 kp/cm²	60 kp/cm²	80 kp/cm²
PZ 375 Schwanebeck	28 kp/cm²	44 kp/cm²	53 kp/cm²	60 kp/cm²
Tiefbohrzement B	15 kp/cm²	38 kp/cm²	44 kp/cm²	65 kp/cm²

Tab. 4. Druckfestigkeit der Zemente bei 18° C Wasserlagerung (Wasser : Zement = 0,50)

	24 Std.	48 Std.	72 Std.	7 Tage
PZ 375 Karsdorf	120 kp/cm²	200 kp/cm²	250 kp/cm²	400 kp/cm²
PZ 375 Schwanebeck	80 kp/cm²	180 kp/cm²	220 kp/cm²	350 kp/cm²
Tiefbohrzement B	50 kp/cm²	90 kp/cm²	130 kp/cm²	250 kp/cm²

meistens schon nach 24 Stunden überschritten. Der Tiefbohrzement zeigt dagegen einen geringeren Festigkeitsanstieg innerhalb der ersten 24 Std. Ebenso liegen auch nach 48 bzw. 72 Stunden die Festigkeitswerte noch wesentlich unter denen der Portlandzemente. Danach setzt jedoch eine relativ gute Festigkeitsentwicklung ein, so daß dieser Zement schließlich noch gute Endwerte erreicht. Damit weist er bedeutende Vorteile gegenüber dem normalen Portlandzement auf.

Die Ergebnisse beweisen deutlich die Überlegenheit von Tiefbohrzement gegenüber dem normalen Bauzement. In dem entwickelten Tiefbohrzement konnten die gewünschten Eigenschaften für seine Verwendung in Tiefbohrungen vereinigt werden, so daß seine Verwendung im Bohrfeld wesentliche Vorteile bringt. Durch eine günstige Einsatzmöglichkeit, größere Schonung der Lagerstätte und längere Haltbarkeit der Zementation ergeben sich große ökonomische Vorteile gegenüber der Verwendung normaler Bauzemente.

Zusammenfassung

Durch die besonderen Bedingungen im Bohrloch ist die Entwicklung von Tiefbohrzement erforderlich. Die Nachteile beim Einsatz von normalem Bauzement werden aufgezeigt. Von den neuentwickelten Tiefbohrzementen wurden Abbindezeiten, Versteifungszeiten, Biege- und Druckfestigkeiten geprüft und mit denen der Bauzemente verglichen. Der Tiefbohrzement zeigt in allen Eigenschaften deutliche Vorteile.

Резюме

Ввиду особых условий в скважине необходима разработка цемента для глубоких скважин. Освещаются недостатки применения нормального строительного цемента. Проверяются сроки схватывания и крепления (жесткости), прочности на изгиб и на сжатие заново разработанных цементов для глубоких скважин. Полученные данные сопоставляются с соответствующими величинами строительных цементов. Цемент для глубоких скважин во всех свойствах обнаруживает отчетливые преимущества.

Summary

Special conditions existing in the borehole necessitate the development of deep boring cement. The disadvantages involved in the application of normal building cement are shown. Setting times, stiffening times, bending strengths and compressive strengths of the newly developed deep boring cements are tested and compared with those of the building cements. The deep boring cement shows obvious advantages in all properties.

Literatur

WITTEKINDT, W.: Tiefbohrzement. – Erdöl u. Kohle, 7, 3/4, Hamburg 1954.
WITTEKINDT, W. & STRIEBEL: Qualitätsbedingungen für Tiefbohrzement. – Erdöl-Zeitschrift, 72, Wien, März 1956.

Über die Anwendung neuer Indikatoren der Chelatometrie in der Erz- und Silikatanalyse[1)]

(Mitteilung aus dem Zentralen Geologischen Institut, Berlin)

ERIKA WOHLMANN, Berlin

I. Einleitung

Die vorliegende Arbeit stellt eine Ergänzung zum „Schnellverfahren zur Analyse einfacher Silikate" dar (E. WOHLMANN 1961). Die Anwendung der bei diesem Verfahren benutzten Indikatoren wird eingehend beschrieben und ihre Anwendungsmöglichkeit für verschiedene Elemente wie Ca, Sr, Ba und Mg durch Versuche belegt bzw. ausgeschlossen[2)].

Es handelt sich um folgende Indikatoren, die R. PŘIBIL, J. KÖRBL, F. VYDRA, A. EMR, M. MALAT und V. SUK eingeführt haben: Xylenolorange (J. KÖRBL, R. PŘIBIL & A. EMR 1956), Thymolphtalexon (J. KÖRBL & R. PŘIBIL 1957), Fluorexon (J. KÖRBL, F. VYDRA 1957) und Brompyrogallolrot (A. JENICKOVA, M. MALAT & V. SUK 1956). Brenzcatechinviolett (M. MALAT, V. SUK & O. RYBA 1954) wird ebenso wie Cresolphtalexon (M. MALAT, V. SUK & O. RYBA 1954), bekannt unter dem Namen Phtaleinkomplexon (G. ANDEREGG, H. FLASCHKA, R. SALLMANN & G. SCHWARZENBACH 1954, G. SCHWARZENBACH 1956) oder Metallphtalein, seit längerer Zeit benutzt; Brenzcatechinviolett diente zur Wismutbestimmung, Cresolphtalexon zur Erdalkalibestimmung. Methylthymolblau (J. KÖRBL & R. PŘIBIL 1957) entspricht dem Thymolphtalexon in ammoniakalischer Lösung, dem Xylenolorange in acetatgepufferter Lösung, Pyrogallolrot dem Brompyrogallolrot und kann wie dieses eingesetzt werden. Die genannten Indikatoren können von Chemapol, Prag, bezogen werden.

1) Eingang des Manuskripts in der Redaktion: 1. 11. 1961
2) Frau W. LEMKE sei für die Ausführung der Versuche gedankt

II. Die Titration von Ca, Sr, Ba und Mg mit neuen Indikatoren

Für die Titration der Erdalkalien stehen neuerdings die Indikatoren Fluorexon und Thymolphtalexon zur Verfügung, während Metallphtalexon seit Jahren benutzt wird.

Fluorexon, das dem Calcein nahesteht, wird in alkalischer (KOH) Lösung angewandt. Die Versuche mit Fluorexon wurden auch auf ammoniakalische Lösungen ausgedehnt. Dabei zeigte sich, daß Barium, wenn es allein vorliegt, weder in alkalischer noch in ammoniakalischer Lösung durch Titration mit Chelaplex erfaßt wird, sondern nur das Calcium. Tritt Barium neben Calcium in alkalischer Lösung auf, wird es mittitriert. Der Umschlag des Fluorexons erfolgt von gelbgrüner Fluoreszenz auf fluoreszenzfreies Rosa. Wichtig ist, daß Magnesium weder in alkalischer noch in ammoniakalischer Lösung direkt titriert werden kann. In ammoniakalischen Lösungen wird es jedoch bei Anwendung eines Überschusses von Chelaplex bei der Rücktitration mit Calciumlösung mitbestimmt. Magnesiumhydroxyd löst sich im Überschuß von Chelaplexlösung allmählich auf.

Thymolphtalexon wird für die Titration von Calcium und Strontium in stark alkalischen Lösungen angewandt; die Farbe schlägt von blau nach schwach blau bis fast farblos um. Sicherer erhält man den Endpunkt durch Rücktitration mit Calciumlösung auf blau. Magnesium wird bei direkter Titration in alkalischer Lösung nicht, bei Rücktitration eines Chelaplexüberschusses mit Calciumlösung aber ebenfalls mittitriert.

Tab. 1. Indikatorenansätze und -lösungen für die chelametrische Bestimmung der Erdalkalien

Nr.	Spalte 1 Indikator	Spalte 2 Feste Verdünnung Indikator + Salz g g	Spalte 3 Mischung aus festen Verdünnungen g	Spalte 4 Feste Verdünnung(g)/ 100 ml	Spalte 5 ml Ind.-Zusatz/ Titr.-Vol. 250 ml	Spalte 6 Farbumschläge	Schärfe
1	Fluorexon	1 + 100 KNO_3		2	5	gelbgrün/rot	mäßig
2	Murexid	1 + 200 NaCl		fest	–	weinrot/violett	mäßig
3	Naphtholgrün B	1 + 200 NaCl					
4	Murexid + Fluorexon	wie 2 und 1	5 + 10	fest	–	gelbgrün/rot	scharf
5	Murexid + Naphtholgrün	wie 2 und 3	4 + 10	fest	–	rot/grau-farblos	scharf
6	Brompyrogallolrot	1 + 100 KNO_3		1	5	violett/blau	mäßig
7	Brompyrogallolrot + Fluorexon	wie 6 und 1	2 + 3	1	2,5	rotgrün/violett	scharf
8	Eriochromschwarz T	1 + 200 NaCl		1	1–2	weinrot/blau	scharf
9	Methylrot	1 + 100 NaCl		1			
10	Erio T + Methylrot	wie 8 und 9	4 + 10 mg	fest		braunrot/grün	scharf
	Thymolphtalexon	1 + 100 KNO_3		1	5	blau/farblos-blau	mäßig
	Phtalexon	1 + 200 KNO_3		1	4	dunkelrot/rosa	mäßig
	Phtalexon-Mix = Mix II			1	4	violett/farblos	scharf
	Mix II + Thymolphtalexon = Mix III			1	5	violett/farblos	scharf

Mix I = 0,028 g Diazingrün + 0,0025 g Methylrot + 6 g NaCl bezw.
5,6 g „ + 0,5 g „ + 1220 g NaCl

Mix II = 12 g Mix I (1 + 200) + 44 g Phtalexon (1 + 200) entsprechend
0,028 g Diazingrün + 0,0025 g Methylrot + 0,11 g Phtalexon

Mix III = 2 g Mix II (1 + 200) + 1 g Thymolphtalexon (1 + 100)

Bei der Prüfung der Einsatzmöglichkeit von Thymolphtalexon zur Titration in ammoniakalischer Lösung wurde festgestellt, daß Calcium, Strontium und Magnesium vollständig, Barium jedoch nur teilweise erfaßt werden. Die Verwendung von Thymolphtalexon ist daher nur bei Abwesenheit von Barium in ammoniakalischer Lösung möglich.

Metallphtalexon bzw. seine Mischung mit Diazingrün, letzteres anstelle des von G. SCHWARZENBACH (1956) benutzten Diamingrüns, ist bereits längere Zeit in Gebrauch. Es wird nur in ammoniakalischen Lösungen für die Bestimmungen von Calcium, Strontium, Barium und Magnesium verwendet. Die Mischung mit Diazingrün, von Verf. Phtalexon-Mix genannt, schlägt von violettrot nach farblos um; der Endpunkt der Titration ist somit besser zu erkennen als mit dem reinen Indikator, der von dunkelrot nach hellrot bis rosa umschlägt. Die gewichtsmäßigen Anteile der SCHWARZENBACHschen Indikatorzusammensetzung: 0,05 g Diazingrün, 0,005 g Methylrot und 0,1 g Phtalexon/100 ml verd. Ammoniak wurden etwas verändert. 0,028 g Diazingrün + 0,0025 g Methylrot + 0,11 g Phtalexon werden mit der 200fachen Menge NaCl verdünnt, von dieser Verdünnung wird 1 g in 100 ml 50%igem Alkohol gelöst, und auf etwa 250 ml Titriervolumen werden 4 ml aus der Bürette zugesetzt. Der Indikator schlägt dann bei richtiger Dosierung von violett nach farblos um. Die Kurzbezeichnung ist Mix II, während Mix I die feste Verdünnung von Diazingrün und Methylrot mit NaCl (wie oben angegeben) darstellt. In Tab. 1 sind die Indikatorzusammensetzungen (Spalte 1), die feste Verdünnung (Spalte 2) und die Mischungsverhältnisse für Mischindikatoren (Spalte 3), der Ansatz der Lösungen (Spalte 4), die Zugaben zur Titration (Spalte 5) und die Farbumschläge (Spalte 6) angegeben.

Brompyrogallolrot (Kurzbezeichnung BPGR) wurde ebenfalls auf seine Einsatzfähigkeit für die Titration der Erdalkalien geprüft. Nur Calcium kann in alkalischer Lösung mit Brompyrogallolrot titriert werden. Der Indikator schlägt bei pH 10 von violett nach blau um. In ammoniakalischer Lösung ist er nicht anwendbar.

III. Neue Mischindikatoren

Da die Indikatorumschläge, zum Teil wohl wegen ungünstiger Beleuchtung im Winter, nicht zufriedenstellend festgestellt werden konnten, wurden einige Mischungen der obengenannten Indikatoren erprobt, zumal mit Phtalexon-Mix gute Erfahrungen gemacht worden waren.

Mischt man Brompyrogallolrot (2 g) Fluorexon (3 g) zu, beide in fester Verdünnung vorliegend, erhält man auch bei ungünstigem Licht scharfe Umschläge von rotgrün nach violett. Dieser BPGR-Fluorexon-Indikator ermöglicht die titrimetrische Bestimmung von Strontium und Barium in alkalischer wie in ammoniakalischer Lösung.

Thymolphtalexon (1 g) wurde mit Phtalexon-Mix (2 g), jeweils feste Verdünnung, gemischt = Mix III. Um bei der Titration den Umschlag von violett auf farblos zu erhalten, wird 1 g Indikatormischung in 50 ml Wasser gelöst, mit 50 ml Alkohol auf 100 ml aufgefüllt, und davon werden 5 ml zur Titration für ein Volumen von etwa 250 ml zugesetzt.

Die besten Ergebnisse wurden bei der Verbesserung des Murexid-Umschlages durch Zusatz von 10 g Fluorexon (feste Verdünnung 1:100) zu 5 g Murexid (feste Verdünnung 1:200) erreicht. Der Umschlag erfolgt augenblicklich und führt von gelbgrün zu rot. Er ist schärfer als der Umschlag der Komponenten dieser Mischung. Die Chelaplex-Lösung wird mit dem Indikator gegen $CaCO_3$ (nach SMITH) als Urtiter eingestellt.

Nach Beendigung der Versuchsreihen erhielten wir Naphtolgrün B, das von A. G. KNIGHT zur Verbesserung des Umschlags von Murexid vorgeschlagen wurde. Der Umschlag soll von oliv über schmutziges Rot nach rein Blau erfolgen. Der Mischindikator hat folgende Zusammensetzung: 0,2 g Murexid (Original) + 0,5 g Naphtolgrün B (Original) + 140 g NaCl. Von Naphtolgrün B wurde nun eine feste Verdünnung 1:200 mit NaCl hergestellt und 4 g Murexid- mit 10 g Naphtolgrün-B-Verdünnung gemischt. Bei Verwendung dieses Indikators traten jedoch etwas andere Färbungen auf.

Der Mischindikator, der fest zugesetzt wird, schlägt sehr scharf von rot bis rosa nach grau bis farblos um.

Auch für Eriochromschwarz T (H. FLASCHKA 1954 bis 1958) wurde eine Mischung, und zwar mit Methylrot, erprobt. Methylrot wurde 1:100 mit NaCl verdünnt und davon 10 mg mit 4 g fester Verdünnung des Erio T gemischt. Die Farbe dieses Mischindikators führt von braunrot nach reinem Grün und schlägt sehr scharf um. Er wird im allgemeinen in fester Verdünnung zugesetzt, kann aber auch für gleichmäßige Dosierungen bei Serienanalysen in 20 ml Pufferlösung (pH 10) gelöst und mit Wasser auf 100 ml aufgefüllt werden. Aus der Bürette werden dann 1—2 ml zugesetzt. Beim Titrieren von Analysenlösungen, die Methylrot enthielten, stellte sich oft ein blaugrüner Farbton ein, der durch weiteren Zusatz von Methylrot zu reinem Grün führte, wodurch das Ende wieder eindeutig festgestellt werden konnte.

IV. Chelametrische Titrationen der Erdalkalien in Gegenwart von Triäthanolamin- und Hydroxylaminhydrochlorid

Nachdem die Indikatoren an reinen Lösungen von Calcium, Strontium, Barium und Magnesium und in Mischlösungen von Ba und Mg geprüft worden waren, wurde die Prüfung der Indikatoren auf die Titration von Calcium, Strontium, Barium und Magnesium in Gegenwart von Triäthanolamin- plus Hydroxylaminhydrochlorid (R. PŘIBIL 1953 und 1954) ausgedehnt, die bei chelametrischen Titrationen in alkalischer und in ammoniakalischer Lösung Eisen, Aluminium, Titan und Mangan in Lösung halten. R. PŘIBIL empfahl diese Arbeitsweise zuerst und arbeitete einige spezielle Analysenverfahren für chelametrische Titrationen in Gegenwart von Triäthanolamin plus Hydroxylamin aus.

Mit diesem Verfahren sollte nun die Kalk-, Silikat-, Ton-, Anhydrit- und Spatanalyse, unter Verwendung der neuen Indikatoren, stark beschleunigt werden, was aber zunächst an der Unreinheit des zur Verfügung stehenden Triäthanolamins scheiterte. Durch Überführung des Triäthanolamins in das Hydrochlorid (V. TICHOMIROVA & O. SIMACKOVA 1957) wurde eine erfolgreiche Anwendung möglich.

Die Reinigung des Triäthanolamins: Zu Triäthanolamin wird unter Rühren in einem 3-Liter-Glas langsam konzentrierte HCl zugegeben, bis die Lösung sauer reagiert. Das Hydrochlorid fällt sofort aus. Es wird abgesaugt, mit Äthanol gewaschen und an der Luft getrocknet. Ein sehr sauberes Präparat ist das Ergebnis dieser Umsetzung, bei der eine braune Mutterlauge zurückbleibt, die verworfen wird.

Die für Titration neben Triäthanolamin plus Hydroxylamin geeigneten Indikatoren (Tab. 2) wurden dann noch bei Versuchen verwendet, bei denen 100 mg Fe_2O_3 als Chlorid zugegeben waren. Diese Menge entspricht bei einer Einwaage von 2 g Probe, einer Auffüllung auf 500 ml und einer Abnahme von 50 ml zur Titration 50% Fe_2O_3. Mit einem Zusatz von 2 g Triäthanolaminhydrochlorid[3]) können 250 mg von Eisen, Aluminium, Titan und Mangan gebunden werden. Mangan wird zwar in Lösung gehalten, aber zusammen mit Magnesium in ammoniakalischen Lösungen voll erfaßt. Neben Calcium wird Mangan in alkalischen Lösungen nicht mittitriert.

Tab. 2 enthält eine Übersicht der von den geprüften Indikatoren angezeigten Elemente. Die in Spalte 5 aufgeführten Elemente werden, wenn sie allein vorliegen, nicht, in Gegenwart eines weiteren Elementes in der Lösung aber doch titrimetrisch erfaßt.

Tab. 2. Einsatz von Chelaplex-Indikatoren neben Triäthanolamin- und Hydroxylaminhydrochlorid sowie Eisen(III)-Chlorid zur Bestimmung der Erdalkalien

Spalte 1	2	3	4	5	6	7	8
Indikator	NaOH, KOH	NH_4OH	Triä. + Hyd. + Fe_2O_3	Ca Sr Ba Mg einzeln titriert	Ca + Ba + Sr Summe	Ca + Ba + Sr + Mg Summe titriert	Ca + Mg Summe
Brompyrogallolrot	−	+	−	− − − −			
BPGR	+	−	−	+ − − −			
BPGR + Fluorexon	+	−	−	+ + + −	+ + +	+ + + −	+ −
	+	−	+	+ + + −		+ + + −	+ −
	−	+	−	+ + + −		+ + + −	
Fluorexon	+	−	−	+ + − −	+ + +	+ + + −	+ −
	+	−	+	+ − − −	+ + +	+ + + −	+ −
	−	+	−	+ − − −	+ − −		
	−	+	+	+ − − −	+ − −		+ −
Thymolphtalexon	−	+	−	+ + (+) +		+ + + +	+ +
	−	+	+	+ + (+) +		+ + + +	+ +
	+*)	−	−	+ + − −			+ −
	+	−	+	+ + − −			+ −
Phtalexon-Mix = Mix II	−	+	−	+ + + +	+ + +	+ + + +	+ +
	−	+	+	+ + + +	+ + +	+ + + +	+ +
Mix II + Thymolphtalexon = Mix III	−	+	−	+ + + +		+ + + +	
	−	+	+	+ + + +		+ + + +	
	+	−	−	− − − −			
	+	−	+	− − − −			
Murexid	+	−	−	+ + − −	+ + +	+ + + −	+ −
	+	−	+	+ + − −	+ + +	+ + + −	+ −
Murexid + Fluorexon	+	−	−	+ + − −	+ + +	+ + + −	+ −
	+	−	+	+ + − −	+ + +	+ + + −	+ −
Murexid + Naphtholgrün	+	−	−	+ + − −	+ + +	+ + + −	+ −
	+	−	+	+ + − −	+ + +	+ + + −	+ −
Eriochromschwarz T	−	+	−	− − − +		+ + + +	+ +
	−	+	+	− − − −			

In den Spalten 2—4 wird die An- bzw. Abwesenheit der genannten Komponenten durch + und − angezeigt.
In den Spalten 5—8 werden die titrimetrisch bestimmbaren Elemente mit +, die nicht bestimmbaren mit − gekennzeichnet.
*) nur KOH

[3]) 100 mg Fe_2O_3 ~ 0,25 g Triä · HCl
100 mg Al_2O_3 ~ 0,40 g Triä · HCl

Tab. 3. Titration der Erdalkalien mit Chelaplex in Gegenwart von Fe (III) und Triäthanolamin- und Hydroxylaminhydrochlorid sowie Sulfat

Analysen-Nr.	Ca ml	Sr ml	Ba ml	Mg ml	NaOH 2n ml	NH_4OH + Puff. ml	Triäth. NH_2OH g	Fe_2O_3 ($FeCl_3$) mg	Sulfat g	Chelaplex Verbrauch ml	Soll m/40	Indikator	Ca	Sr	Ba	Mg
	je 1/40 m												(erfaßt = +)			
57, 87, 60	10				25	–	5	100	–	10,1	10,0	Murexid	+			
59	21,2				25	–	5	100	–	20,9	21,2	„	+			
178	10	10	10	10	50	–	5	–	–	27,8	27,8	Murexid u. Fluorexin	+	+	+	–
162	10	10	10		25	–	5	–	–	33,4	33,1	„ „	+	+	+	
120	10	10	10	–	25	–	5	–	–	33,25	33,1	„ „	+	+	+	–
179	10	10	10	10	25	–	5	–	–	27,8	27,8	„ „	+	+	+	–
175,6	10	10	10	10	50	–	5	–	1	10,0	10,0	„ „	+	Sulfat		–
180,81	10	10	10	10	–	40 + 20	5	–	1	20,15	20,0	Mix III	+	„		+
279		10			25		5	–		13,1	13,1	„ „		+		
80,81	10			10		25 + 20	5	100		20,3	20,0	„ II	+			+
69	10			10	25	–	5	100		10,3	10,0	Thymolphtalexon	+			+
83					–	25 + 20	5	100		20,05	20,0	„	+			+

V. Ausführung der chelametrischen Titration der Erdalkalien in Gegenwart von Triäthanolamin- und Hydroxylaminhydrochlorid

Eine Abnahme von 50 bzw. 25 ml aus dem Hauptfiltrat (500 ml) eines Säure- oder Sodaaufschlusses (2 g Einwaage) wird in einen ERLENMEYER-Kolben (Volumen 500—750 ml) pipettiert; mit einigen Tropfen konz. HNO_3 oder 3%igem H_2O_2 werden Eisen(II)-Ionen oxydiert und NO_2+Cl_2 bzw. O_2 verkocht. Nach Zugabe von 100 ml Wasser werden 2 g Triäthanolaminhydrochlorid (Kurzbezeichnung = Triä) und ca. 0,5 g Hydroxylaminhydrochlorid (NH_2OH), je nach zu erwartender Menge der Sesquioxyde, zugesetzt.

Soll Calcium bestimmt werden, wird nach Zusatz von 2 Tropfen Methylrot mit 2 n NaOH oder KOH neutralisiert. Die evtl. bestehenbleibende bräunliche Färbung verschwindet nach weiterem Zusatz von Lauge. Nun werden in kleiner Menge der Indikator, Murexid-Fluorexon, und entsprechend der zu erwartenden Calciummenge noch weitere 20—40 ml Kalilauge zugesetzt. Die Lösung weist eine rote Färbung mit gelbgrüner Fluoreszenz auf, die beim Titrieren mit m/40 Chelaplexlösung verschwindet und plötzlich in reines Rot übergeht. Der Titer der Chelaplexlösung wird in Gegenwart von Triäthanolamin- plus Hydroxylaminhydrochlorid mit m/40 Calciumlösung ($CaCO_3$ nach SMITH) eingestellt.

Anstelle des Murexid-Fluorexons kann auch Murexid-Naphtolgrün-Mischung benutzt werden, die von rot nach graublau bis farblos umschlägt.

Zur Magnesiumbestimmung wird die Lösung mit verdünntem Ammoniak (1:1) neutralisiert. Als Indikator wird Thymolphtalexon, Phtalexon-Mix (= Mix II) oder Thymolphtalexon-Phtalexon-Mix (= Mix III) benutzt. Zuvor ist auch hier die Oxydation der Eisen(II)-Ionen durchzuführen. Die Einstellung der ÄDTA-Lösung erfolgt mit dem gewählten Indikator in Gegenwart von Triäthanolamin- plus Hydroxylaminhydrochlorid gegen die m/40 Calciumlösung.

VI. Versuche zur Beschleunigung der technischen Spat- und der Silikatanalyse

Nachdem die Ausführung der bei Karbonat- und Gesteinsanalysen häufigsten Aufgabe, die Calcium- und Magnesiumbestimmung, nach einer Schnellmethode möglich geworden ist, sollten noch die Bestimmung und schließlich die Schnellbestimmung von gleichzeitig vorliegendem Calcium, Strontium, Barium und Magnesium neben Eisen, Aluminium, Titan und Mangan in Gegenwart von Triäthanolamin- und Hydroxylaminhydrochlorid geprüft werden.

Liegt Strontium neben Barium vor, werden stets beide Elemente titriert, so daß keine Aussicht auf eine Schnellbestimmung des Strontiums neben Barium besteht.

In ammoniakalischer Lösung konnten Ca + Ba + Mg mit Phtalexon-Mix bestimmt werden. Ca + Sr + Ba konnten in alkalischer Lösung mit Murexid-Fluorexon titriert werden, so daß die Differenz beider Titrationen Mg anzeigt.

Durch Fällen von Strontium und Barium mit Na_2SO_4 in alkalischer, mit $(NH_4)_2SO_4$ in ammoniakalischen Lösungen war die Titration von Ca allein bzw. von Ca + Mg neben den Sulfaten von Sr und Ba möglich.

Auf diese Weise können also Ca direkt, Mg wie üblich aus der Differenz, Sr + Ba zusammen aus der Differenz der Titrationen von Ca + Sr + Ba + Mg und Ca + Mg neben Sr + Ba-Sulfat in ammoniakalischer Lösung bestimmt werden.

Eine Trennung von Ba und Sr kann über den Kationenaustauscher Wofatit KPS 200 durchgeführt werden.

Mangan wird in ammoniakalischen Lösungen ebenfalls erfaßt, und dessen Verbrauch an Chelaplexlösung ist nach der photometrischen oder titrimetrischen Bestimmung des Mangans zu berechnen und beim Verbrauch für Mg abzuziehen.

VII. Anwendung des Verfahrens in der Praxis

Bei Anwendung des Verfahrens in der Praxis ergaben sich einige Schwierigkeiten bei Silikaten aus den Randgebieten vererzter Zonen und bei Eisenerzen. Geringe Gehalte an Buntmetallen blockierten offenbar in ammoniakalischer Lösung sowohl Thymolphtalexon als auch Phtalexon-Mix. Da vermutet wurde, daß Eisen(II)-Ionen die Ursache der Störungen, des plötzlichen Schleppens der Umschläge, sein könnten, wurde vor der Titration eine Oxydation mit HNO_3 oder H_2O_2 vorgenommen. Diese bewährte sich tatsächlich gut; denn danach schlugen die Indikatoren wieder normal um.

Buntmetalle können nur in alkalischer Lösung neben Triäthanolamin mit Diäthyldithiocarbamat (R. PŘIBIL 1960) unschädlich gemacht werden, aber nicht in ammoniakalischer Lösung, wie das nach vorausgegangener

Abscheidung der Sesquioxyde möglich ist. In ammoniakalischer Lösung fällt schwarzes Eisencarbamat aus und macht die unmittelbare Titration von Ca + Mg unmöglich. Eisen wird demnach von Triäthanolamin in ammoniakalischer Lösung nicht stark genug gebunden, um die Fällung mit Carbamat zu verhindern.

Das Verfahren, die Erdalkalien neben wechselnden Mengen von Eisen, Aluminium, Titan und Mangan zu titrieren, hat sich bis jetzt bei der Analyse von Anhydriten, Tonen, Eisenerzen, Dolomiten, Kalken, Späten, Silikaten sowie von Kohlenaschen, die zum Teil hohe Fe-Gehalte (bis 60% Fe_2O_3) und mäßige Al-Gehalte (5—30% Al_2O_3) aufwiesen, bewährt.

Zusammenfassung

Bei der Untersuchung der Verwendungsmöglichkeit neuer Indikatoren für die chelametrische Bestimmung der Erdalkalien wurden befriedigende Ergebnisse erhalten. Unter Verwendung von Triäthanolamin- plus Hydroxylaminhydrochlorid wurde das von R. PŘIBIL vorgeschlagene Verfahren zur Titration von Calcium und Magnesium neben Eisen, Aluminium, Titan und Mangan unter Verwendung neuer Indikatoren geprüft und die dafür geeigneten Indikatoren ausgewählt.

Wie die Praxis gezeigt hat, steht damit ein Schnellverfahren für die Erdalkalibestimmung in mineralischen Stoffen zur Verfügung, das zu einer großen Beschleunigung der Analysen führt, da alle Trennungen, Filtrationen und Abdampfungen entfallen.

Ferner erfolgte noch die Untersuchung der Bestimmungsmöglichkeiten, die bestehen, wenn in Proben gleichzeitig Calcium, Strontium, Barium und Magnesium vorliegen und diese neben Eisen, Aluminium, Titan und Mangan zu bestimmen sind. Aus einem derartigen Gemisch können Ca, Mg + Mn und Sr + Ba bestimmt werden.

Резюме

При изучении возможности использования новых индикаторов для хеламетрического определения щелочноземельных металлов были получены удовлетворительные результаты. С применением триэтаноламина и гидроксиламингидрохлорида был проверен предложенный Р. ПЖИБИЛем метод для титрирования кальция и магния в присутствии железа, алюминия, титана и марганца с использованием новых индикаторов; избирались подходящие индикаторы.

Практика показала, что мы в этом методе теперь имеем в распоряжении экспрессный метод для определения щелочноземельных металлов в минеральных веществах, позволяющий большое ускорение ввиду отпадения всех разделений, фильтраций и выпариваний.

Дальше исследовались еще возможности определения в тех случаях, если в образцах одновременно присутствуют кальций, стронций, барий и магний и их следует определить в присутствии железа, алюминия, титана и марганца. Из такой смеси можно определить Ca, Mg + Mn и Sr + Ba.

Summary

Satisfactory results were obtained in a study to apply new indicators to the chelatometric determination of alkaline earths. With the aid of triethanol amine plus hydroxyl amine hydrochloride the method proposed by R. PŘIBIL was tested for the titration of calcium and magnesium in addition to iron, aluminium, titanium and manganese, when using new indicators and selecting those appropriate to the purpose.

As was shown in practice, a rapid method for the determination of alkaline earths in mineral substances is thus available and, in the absence of all separations, filtrations and evaporations, considerably accelerates analyses.

The possibility was also studied to determine calcium, strontium, barium and magnesium simultaneously contained in test specimens together with iron, aluminium, titanium and manganese. Such a mixture enables the determination of Ca, Mg + Mn and Sr + Ba.

Literatur

ANDEREGG, G., H. FLASCHKA, R. SALLMANN & G. SCHWARZENBACH: Ein auf Erdalkaliionen ansprechendes Phtalein und seine analytische Anwendung. — Helv. Chim. Acta, **37**, S. 113 (1954).

FLASCHKA, H.: Über die Verwendung von Komplexon in der Maßanalyse. — Fortschr. chem. Forsch., **3**, S. 251—308 (1954—1958).

JENICKOVA, A., M. MALAT & V. SUK: Brompyrogallolrot als komplexometrischer Indikator. — Coll. czechoslov. Chem. Commun., **21**, S. 1599 (1956); Ref. in Z. anal. Chem., **155**, S. 283 (1957).

KNIGHT, A. G.: Estimation of Calcium in water. — Chem. and Ind., **51**, S. 1141 (1951) (s. H. FLASCHKA 1954—1958, S. 287).

KÖRBL, J. & R. PŘIBIL: Neue Metallindikatoren vom Komplexontyp (Thymolphtalexon). — Chem. Listy, **51**, S. 1804 (1957); Ref. in Z. anal. Chem., **158**, S. 210 (1957); **161**, S. 369 (1958).

KÖRBL, J., R. PŘIBIL & A. EMR: Xylenolorange, ein neuer Metallindikator. — Chem. Listy, **50**, S. 1440 (1956); Ref. in Z. anal. Chem., **156**, S. 292 (1957).

KÖRBL, J. & F. VYDRA: Der neue Metallindikator Fluoresceinkomplexon. — Chem. Listy, **51**, S. 1457 (1957); Ref. in Z. anal. Chem., **161**, S. 200 (1958).

MALAT, M., V. SUK & O. RYBA: Pyrocatecholviolett als ein neuer spezifischer Indikator. — Coll. czechoslov. Chem. Commun., **19**, S. 258 (1954); Ref. in Z. anal. Chem., **154**, S. 137 (1957); **158**, S. 209 (1957).

PŘIBIL, R.: Komplexometrische Titrationen mit Murexid als Indikator. — Chem. Listy, **47**, S. 1333 (1953); Ref. in Z. anal. Chem., **142**, S. 456 (1954).

— Komplexometrische Titrationen mit Erio T als Indikator. — Chem. Listy, **48**, S. 382 (1954); Ref. in Z. anal. Chem., **147**, S. 54 (1955).

— New Indicators for Chelatometric Titrations-Chemapol. — ČSSR, 1954 und 1960.

— Komplexometrie, Bd. 1. — VEB Deutscher Verlag für die Grundstoffindustrie, Leipzig 1960.

SCHWARZENBACH, G.: Die komplexometrische Titration. — Bd. 45 der Sammlung: Die chemische Analyse, Verl. Enke, Stuttgart 1956.

TICHOMIROVA, V. & O. SIMACKOVA: Titration kleiner Mengen Calcium neben großen Überschüssen an Magnesium. — Coll. czechoslov. Chem. Commun., **19**, S. 982 (1957); Ref. in Z. anal. Chem., **156**, S. 437 (1957).

WOHLMANN, E.: Schnellverfahren zur Analyse einfacher Silikate. — Z. angew. Geol., **7**, S. 534—539 (1961).

V. Kongreß der Association Géologique Carpato-Balkanique 1961 in der Volksrepublik Rumänien

DIETRICH FRANKE, Berlin

In der Zeit vom 4.—19. September 1961 fand in der Volksrepublik Rumänien der V. Kongreß der Association Géologique Carpato-Balkanique statt. Neben den Delegationen der sieben Mitgliedsstaaten dieser Vereinigung — der UdSSR, der Volksrepubliken Rumänien, Ungarn, Bulgarien und Polen, der Tschechoslowakischen Sozialistischen Republik sowie der Föderativen Volksrepublik Jugoslawien — waren Gäste aus England, Frankreich, Österreich, der Volksrepublik Albanien, Indien und der Deutschen Demokratischen Republik anwesend.

Nach der offiziellen Eröffnung durch den Präsidenten des V. Kongresses, Prof. A. CODARCEA (VR Rumänien), und den Begrüßungsansprachen der Delegationsleiter begannen am 5. September die Fachvorträge in den Sektionen für Tektonik, für Stratigraphie und Paläontologie, für Mineralogie, Geochemie, Magmatismus und Petrographie sowie in der Sektion für Angewandte Geologie und Geophysik.

Am stärksten waren die Vorträge in der Sektion für Tektonik besucht, da sie einen ausgezeichneten Überblick nicht nur über den geotektonischen Werdegang des gesamten Karpatisch-Balkanischen Faltensystems und der regionalgeologischen Stellung einzelner Teile dieses Orogens, sondern auch über dessen geologischen Bau im allgemeinen vermittelten. Unter den Vorträgen mit einer etwas umfassenderen Themenstellung sind besonders diejenigen von N. V. MURATOV über die drei Hauptetappen in der Entwicklung der Karpatisch-Balkanisch-Kaukasischen Geosynklinale, von I. V. SLAVIN über die allgemeinen paläotektonischen Gesetzmäßigkeiten im Karpaten-Balkan-Raum und von G. RAILEANU & N. ONCESCU über die orogenen Phasen in dem auf dem Territorium der Volksrepublik Rumänien gelegenen Teil der Karpaten zu nennen. Mit den viel und oft recht heftig diskutierten Problemen des Deckenbaus setzten sich besonders E. BONCEV & I. KARAGHIULEVA,

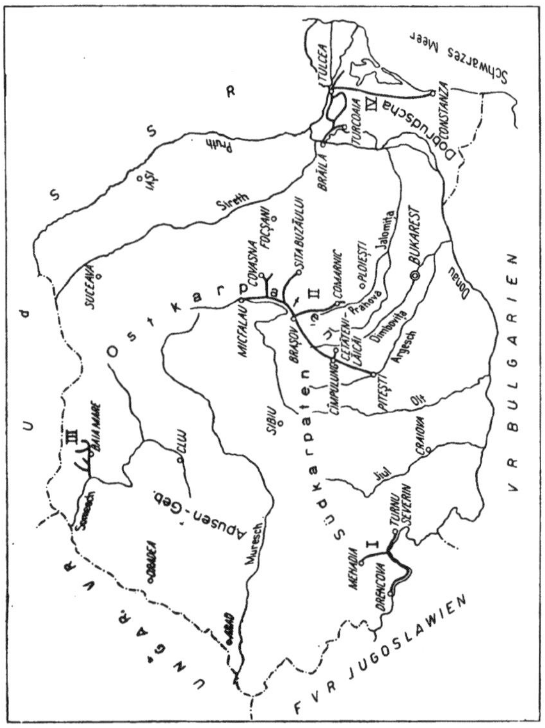

Abb. 1. Die Route der geologischen Exkursionen im Banater Gebirge (I), in den Ostkarpaten (II), in der Umgebung von Baia Mare (III) und in der Dobrudscha (IV)

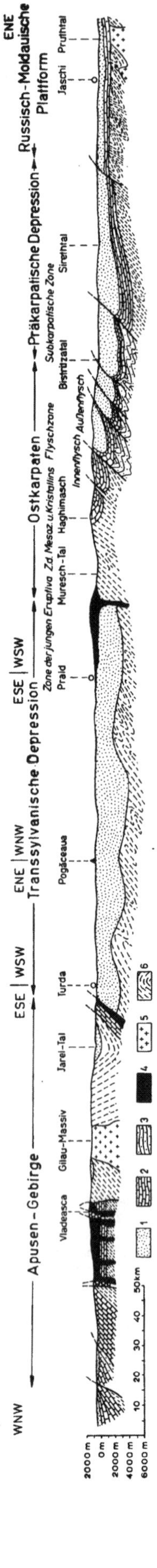

Abb. 2. Geologischer Ost—West-Schnitt durch den Zentralteil der Volksrepublik Rumänien (nach N. ONCESCU 1959)

1 — känozoische (im wesentlichen tertiäre) Sedimente, 2 — mesozoische Sedimente, 3 — paläozoische Sedimente, 4 — tertiäre und mesozoische Eruptiva, 5 — paläozoische und präkambrische Granite, 6 — paläozoisches und präkambrisches Kristallin

D. IARANOV, M. MAHEL und D. ANDRUSOV auseinander. Während E. BONCEV & I. KARAGHIULEVA im Vorbalkan, D. IARANOV im Karpaten-Balkan-Bogen und M. MAHEL im Zentralteil der Westkarpaten keine weitreichenden Dekkenschübe feststellen konnten und das Auftreten scheinbar ortsfremder Gesteinsmassen innerhalb autochthoner Komplexe z. T. als ein Ergebnis von germanotypen Bruchbildungen, Faziesschwankungen und anderen Faktoren deuteten, gaben D. ANDRUSOV, A. CODARCEA, I. DUMITRESCU u. a. an, in vielen Gebieten des Karpaten-Balkan-Raumes eindeutig einen stark ausgeprägten Deckenbau nachweisen zu können.

Die Vorträge in der Sektion für Stratigraphie und Paläontologie befaßten sich verständlicherweise in erster Linie mit den Ablagerungen des Mesozoikums. Dabei wurden nicht nur die mannigfaltigen stratigraphischen Probleme, sondern auch paläogeographische, lithogenetische, petrographische u. a. Fragen behandelt. G. MURGEANU sprach z. B. über die Stratigraphie und Lithogenese der Kreidesedimente in der inneren Zone des Karpatenbogens, A. CODARCEA über die Stratigraphie und Fauna der mesozoischen Kalke von Gura Vaii im Ostbanat und G. M. FILIPESCU über die Kreideablagerungen der inneren Flyschzone zwischen dem Teleajen- und dem Trotus-Tal. Besonders interessant waren darüber hinaus die Vorträge von S. O. VIALOV über die Problematik in der Stratigraphie des Karpatenflyschs, von P. N. SEMENENKO über die Ergebnisse absoluter Altersbestimmungen an Gesteinen der ukrainischen Ostkarpaten u. a., die, ebenso wie auch die Ausführungen über die sog. Olistolithen des Bucegi-Massivs (D. PATRULIUS) und über die Beziehungen zwischen Flysch und Molasse (S. O. VIALOV), zu lebhaften Diskussionen führten.

Von den zahlreichen interessanten Vorträgen in der Sektion für Mineralogie, Geochemie, Magmatismus und Petrographie sollen hier nur diejenigen von M. SAVUL & V. POMIRLEANU über die paläogeothermischen Untersuchungen einzelner Erzlagerstätten und kristalliner Komplexe in den Ostkarpaten sowie von J. KANTOR über die absoluten Altersbestimmungen in den Westkarpaten erwähnt werden. Starke Beachtung fanden aber u. a. auch die neuen Ergebnisse, die D. GIUSCA, V. MANILICI & V. STIOPOL über die Vererzung von Baia Sprie mitteilten.

Im Anschluß an die Bukarester Vortragstagung fanden vom 10.—14. September getrennte Exkursionen ins Banater Gebirge, in die Ostkarpaten und nach Baia Mare statt.

Hauptziel der Banater Exkursion war das in vieler Hinsicht instruktive „Donauprofil" von Turnu Severin im Osten quer durch den Südteil des Gebirges bis nach Cozla im Westen. Unter der bewährten Führung Prof. A. CODARCEAS lernten die Teilnehmer Stratigraphie und Bau des Danubischen Autochthons einschließlich der bei Mosu si Baba und im Ivanici-Tal anstehenden Reste der Getischen Decke kennen. Die wichtigsten Aufschlußpunkte waren der „klassische" Steinbruch bei Gura Vaii (Oberjura und Unterkreide — Oberkreide — Neogen), das Sfintu-Petru-Tal südlich Mosu si Baba (Paragneise und Quarzite der Getischen Decke), das Slatinicul-Mare-Tal südöstlich Virciorova (Kontakt zwischen Getischer Decke und dem Parautochthon von Severin), der Wegeinschnitt im Sohodol-Tal nördlich Ogradena (Ogradena-Granit), das schon erwähnte Ivanici-Tal (getisches Kristallin über Ablagerungen der Severin-Decke und des Danubischen Autochthons), der Serpentinit bei Tisovita und der Gabbrosteinbruch östlich Triculi, die Klippen an der Straße zwischen Triculi und Greben (Jura und Kreide), das imposante Profil bei Munteana (Lias, Dogger, Malm) sowie das Oberkarbonvorkommen östlich Drencova.

Die Ostkarpaten-Exkursion galt ausschließlich dem Studium der kretazischen Ablagerungen, insbesondere der Flyschsedimente. Von Brasov aus führte die Route einmal in Richtung Norden das Olttal aufwärts bis nach Micfalau (Flysch des Barrême bis Alb der inneren oberen Decke) sowie das etwas weiter östlich gelegene Covasnatal entlang (Zone der Schwarzen Schiefer des Außenflyschs), zum anderen in Richtung Osten bis in die Gegend von Sita Buzaului (Flysch des oberen Apt und Alb der inneren oberen sowie Cenoman und Turon der inneren unteren Decke) und schließlich in Richtung Süden ins Prahovatal (Unterkreideflysch mit überlagerndem Bucegi-Konglomerat) und obere Dimbovitatal (Hauterive und Barrême sowie Cenoman bis einschließlich Maastricht in pelagischer Fazies).

Die dritte Exkursion führte in das Gebiet des neogenen Vulkanismus in der Umgebung von Baia Mare. Neben der allgemeinen geologischen Situation wurde der petrographischen Ausbildung der neogenen Vulkanite sowie der Vererzung und hydrothermalen Umwandlung des Nebengesteins besonderes Augenmerk geschenkt — einmal in zahlreichen Übertageaufschlüssen (Baita-, Boccutului-, Firizei- und Tulbure-Tal) und zum anderen in den Gruben Baia Sprie und Herja.

Nachdem sich die drei Exkursionsgruppen am Abend des 14. September in Bukarest wieder vereinigt hatten, ging es am nächsten Tag im Sonderzug gemeinsam bis nach Braila. Von hier aus begann die Dobrudscha-Exkursion.

Die wichtigsten paläozoischen Aufschlußpunkte lagen im Macin-Gebirge (westliche Norddobrudscha), wo die Schichtenfolge von unten nach oben aus wahrscheinlich präkambrischen kristallinen Schiefern (nördlich Macin und in der Gegend von Cerna), aus den kambrisch-ordovizischen quarzitisch-phyllitischen Gesteinen der Boclegea-Serie (Piatra Riioasa), einer silurischen Tonschiefer-Kalkstein-Abfolge (am Priopceaberg) sowie einer durch Fossilien belegten devonischen Sandstein-Tonschiefer-Kalkstein-Wechsellagerung (am Bujoareberg) und der mit ihren Konglomeraten, Grauwacken und Phylliten dem deutschen Kulm sehr ähnlichen unterkarbonischen Carapelit-Serie (Balabancea) besteht. Ungeklärt ist bis heute noch das Alter der Grünschiefer-Abfolge (Camena de Sus, Casimceatal) in der Zentralen Dobrudscha. Triassische Sedimente wurden hauptsächlich in der Zone von Tulcea (Werfener Schichten südöstlich Tulcea, Anis-Ladin-Karn, z. T. in der Ausbildung der Hallstätter Kalke, bei Agighiol, Halobienschichten in der Gegend von Cataloi, unteres Nor bei Filimon Sirbu und oberes Nor bei Nalbant), jurassische Serien am Denis Tepe (Lias) sowie im Casimceatal (Dogger, Malm) und kretazische im Becken von Babadag angetroffen.

In Mamaia fand am 19. September der ausgezeichnet organisierte Kongreß seinen Abschluß.

Zur Ausbeutung der Bodenschätze Alaskas

HERBERT REH, Jena

Zu dem Thema „Regionaler Bericht über Alaska" erschienen in der Zeitschrift „Mining Engineering", Bd. 13, Nr. 12, 1961, 14 Aufsätze, die zunächst einen Überblick über die Geologie und die Lagerstätten Alaskas vermitteln, dann aber auch besonders auf die ökonomischen Grundlagen des Bergbaus und seine Zukunftsaussichten eingehen. Einzelne Bergbauunternehmen werden eingehend beschrieben und Fragen der Prospektion sowie deren Aussichten erörtert.

Der Zweck der Artikelserie ist ganz offensichtlich, neue Bergbauinteressenten auf den 49. Staat der USA hinzuweisen, da man sich von einer verstärkten Ausbeutung der Bodenschätze dieses 1518717 km² großen, im äußersten Nordwesten des nordamerikanischen Kontinents gelegenen Gebietes einen nicht unerheblichen Beitrag zu seiner wirtschaftlichen Erschließung erhofft.

Vor dem 2. Weltkrieg hatte die Wirtschaft Alaskas durchaus noch einen kolonialen Charakter. Die Ausfuhr bestand hauptsächlich aus Lachskonserven, Gold und Silber sowie Pelzen und Häuten. Die Einfuhr in etwa der Hälfte des Wertes der Ausfuhr setzte sich aus dem Verpackungsmaterial für die Lachskonservenindustrie, Leuchtpetroleum und Benzin, Whisky und anderen alkoholischen Getränken, Lebensmitteln und Wirtschaftsartikeln zusammen. Mit dem Eintritt der USA in den Weltkrieg änderte sich durch den Ausbau Alaskas zu einem strategischen Stützpunkt im pazifischen Raum dessen wirtschaftliche Situation grundlegend.

Mit dem Anwachsen der Verteidigungskräfte von etwa 500 auf 152000 Mann im Jahre 1943 stieg auch der Einsatz der in der Bauindustrie Beschäftigten durch die Errichtung von Verteidigungsanlagen, den Neubau von Straßen, Flugplätzen und Verkehrseinrichtungen von 1300 auf über 13000 im Jahre 1941.

Nach dem Krieg ging der Anteil des Bergbaus an der Wirtschaft Alaskas allmählich zurück (Tab. 1), und zwar von 7,4% im Jahre 1950 auf 4,3% im Jahre 1958. Von dem Rückgang wurde vor allem der Goldbergbau betroffen, während der Kohlenbergbau, die Gewinnung von Erdöl und Erdgas sowie von Sand und Kies eine Steigerung erfuhren (Tab. 2).

Im Jahre 1960 waren 18 Bergbaugesellschaften in Alaska tätig, von denen sechs Kohlengruben, fünfzehn Goldbagger, drei Goldseifen, ein Platinbagger, eine Quecksilbergrube und ein Kupferaufschluß betrieben wurden. Darüber hinaus führten 16 Untersuchungsbetriebe Erkundungsarbeiten durch. Der Aufwand für die Erkundung wird auf etwa 2 Mill. $ im Jahre 1960 veranschlagt, nachdem von 1955 bis 1959 etwa 1 Mill. $ jährlich ausgegeben worden waren.

Erdöl/Erdgas

In der Hauptsache wurde auf Erdöl prospektiert. 1957 wurde das erste Erdölvorkommen auf der Kenai-Halbinsel südlich von Anchorage (Swanson-River-Feld) entdeckt und 1959 auf der gleichen Halbinsel ein Erdgasvorkommen gefunden. Gegenwärtig sind drei Gasfelder bekannt. 1960 wurde eine Erdölleitung vom Swanson-River-Feld zur Cook-Bucht gebaut und im Sommer 1961 eine Erdgasleitung von dem Kenai-Feld an der Kalifonsky-Küste nach Anchorage fertiggestellt.

Die Entwicklung der Erdölindustrie läßt sich an dem Ansteigen der Produktion erkennen. Wurden von 1957 bis Ende 1960 nur 780000 Barrels (1 Barrel ~ 0,12 t) produziert, so stieg die Förderung vom 1. Januar bis 1. Juni 1961 auf 1600000 Barrels. Über 40 produzierende Bohrungen können über 20000 Barrels täglich liefern.

In der Erdöl- und Erdgasindustrie sind etwa 600 Mann beschäftigt; der Aufwand für Löhne beträgt rund 5 Mill. $. Es bestehen Pläne, für den Bedarf Alaskas eine Raffinerie mit 20000 Barrels täglicher Leistung auf der Kenai-Halbinsel zu errichten. Die Erdgasproduktion kann den Bedarf Alaskas bei weitem decken. Gegenüber der Wasserkraft ist Erdgas durchaus konkurrenzfähig. Es wird sogar erwogen, das Erdgas zu verflüssigen und nach wichtigen Verbrauchszentren des pazifischen Raums zu exportieren, vor allem nach Japan.

Kohle

Alaska besitzt sowohl Steinkohlen- als auch Braunkohlenlagerstätten. Es werden Vorräte von etwa 95 Mrd. t Kohle veranschlagt, davon etwa 25% Steinkohle und 75% Pechbraunkohle oder lignitische Braunkohle. Der größte Kohlenproduzent ist die Usibelli Coal Corp., die im Nenana-Kohlen-

Tab. 1. Lohnsummen für die einzelnen Industriezweige (in 1000 $)

Löhne	1950	1954	1958
Bergbau	1869	1384	1241
Bauindustrie	6226	7380	5599
Fabrikation	5733	4369	4844
Transport u. öffentliche Einrichtungen	3449	4064	4841
Handel u. Dienstleistungsbetriebe	7931	10134	12340
Gesamt:	25208	27331	28865

Tab. 2. Entwicklung der einzelnen Bergbauzweige (in 1000 $)

Wert der Bergbauerzeugung	Mittel 1946–1950	1955	1960
Gold	8917	8725	5887
Kohle	2808	5760	6318
Erdöl und Erdgas	–	–	1260
übrige Mineralien	} 3737	2685	2914
Sand und Kies		8242	5483
Gesamt:	**15462**	**25412**	**21862**

feld in den nördlichen Vorbergen der Alaska-Kette, etwa 165 km südlich Fairbanks, baut. 1961 wurden 500000 t Pechbraunkohle mit 7% Asche und einem Wassergehalt von 21%, vorwiegend für militärische Kraft- und Heizwerke sowie für den zivilen Bedarf von Fairbanks, gefördert. Die fünf bauwürdigen Flöze sind 4—15 m stark, das Deckgebirge ist 5—23 m mächtig. Der durch Dauerfrost verfestigte Kies der Deckschichten muß in den vier Sommermonaten durch hydraulische Spritzverfahren und Planierraupen entfernt werden. Der Abbau der Kohle im Tagebau erfolgt auch bei Temperaturen von —30° bis —40° C. Später sollen die tieferen Flöze im Tiefbau gewonnen werden.

Auch ein weiterer großer Produzent, die Evans Jones Coal Co. im Matanuska-Kohlenfeld, 90 km nordöstlich Anchorage, beliefert zu etwa 90% militärische Objekte in der Nähe von Anchorage. In den letzten 40 Jahren wurden jährlich etwa 110000 t Steinkohle mit 13,5% Asche und 8% Feuchtigkeit im Tagebau gefördert. Die nichtkokende Steinkohle ist in vier Gruppen von drei und mehr Flözen in die oberen 420 m der mindestens 1000 m mächtigen Chickaloon-Schichten des Tertiär eingeschaltet. Gegenwärtig werden neun bauwürdige Flöze von 0,3—5 m Mächtigkeit und 30—50° Einfallen ausgebeutet. Die Vorräte werden auf 40 Mill. t veranschlagt, wovon 2 Mill. t im Tagebau gewinnbar sind.

Eine gute Kokskohle steht im Bering-River-Feld an. Erkundungsarbeiten der Jewell Ridge Coal Co. haben allerdings stark gefaltete und verworfene Flöze festgestellt. Man hält einen Export nach Japan unter Umständen für möglich, wobei etwa 1 Mill. t jährliche Förderung erreichbar scheint.

Die weitere Entwicklung des Kohlenbergbaus in Alaska ist durch die starke Konkurrenz von Erdöl und Erdgas sehr in Frage gestellt, zumal diese Vorkommen günstig zu den Verbrauchszentren liegen und die bereits verlegten Öl- und Gasleitungen auch im Winter die Treibstoffzufuhr gewährleisten.

Erze

Zu den Aussichten auf bedeutende Erzneuaufschlüsse bemerkte R. J. LUND, daß Alaska durch die großen Ausbeuten an Gold am Yukon und an Kupfer aus Kennecott in den ersten Jahrzehnten dieses Jahrhunderts als „gewaltiges Lagerhaus von Bodenschätzen" angesehen wurde, das nur der Erschließung harrte. Leider ergab die sorgfältige Untersuchung der Größe und der Gehalte der jetzt bekannten Lagerstätten Alaskas im Vergleich mit den großen Lagerstätten anderer Länder, daß mit Ausnahme einer geringen Anzahl gut bekannter Möglichkeiten große Neuerschließungen nur durch Neuentdeckungen in geologisch höffigen Gebieten oder günstige Entwicklungen in einzelnen der zahlreichen Erzvorkommen zu erwarten sind.

Eisenerzlagerstätten kommen in SE-Alaska in der Nähe des Meeres vor. Auf der Kasaan-Halbinsel liegen einige kleine Verdrängungslagerstätten mit zusammen 10 bis 25 Mill. t eines 40—50%igen Erzes, wie es gegenwärtig auf der Insel Vancouver in Britisch-Kolumbien abgebaut wird. Eine Zentralaufbereitung könnte 600000 t Konzentrat jährlich liefern.

Im Klukwan-Fächer bei Haines lagern mindestens 500 Mill. t eisenerzhaltige Schuttmassen, die von dem weiter östlich liegenden, in Ultrabasit ausgeschiedenen titanhaltigen Magnetitkörper von Klukwan stammen. Dieser enthält über 1 Mrd. t mit 15—20% Fe und etwa 4% TiO_2. Wegen der leichten Gewinnbarkeit der Schuttmassen mit 10—12% Fe und 2% TiO_2 durch Bagger wird man zunächst im Klukwan-Fächer mit der Ausbeutung beginnen. Konzentrate mit 58% Fe und bis 2% TiO_2 sind leicht zu erzielen. Eine Kapazität von 2 Mill. t Konzentrat jährlich ist erreichbar.

An der Inland Passage, 56 km südöstlich Juneau, liegt bei Port Snettisham ein weiteres großes Vorkommen von titanhaltigem Magnetit in ultrabasischen Intrusiven in der Westflanke des Coast-Range-Batholithen. Die Vorräte werden auf 500 Mill. t veranschlagt. Die Konzentrate mit 65% Fe enthalten allerdings noch bis 3% TiO_2. Wasserkraft ist ausbaufähig für eine Produktion von 325000 t Konzentrat jährlich. Schließlich liegt noch ein drittes großes Vorkommen von titanhaltigem Magnetit auf der NW-Seite der Cleveland-Halbinsel an der Union Bay, 56 km nordwestlich von Ketchikan auf der Prince-of-Wales-Insel.

Von den Kupferlagerstätten ist das große Vorkommen von Ruby Creek auf der Südflanke der Brooks-Kette bei Kobuk in NW-Alaska wegen seiner ungünstigen Lage nördlich des Polarkreises noch nicht in Betrieb genommen worden, obwohl es schon fünf Sommer lang erkundet worden ist. Eine devonische Riffbrekzie ist mit Markasit, Kupferkies und Bornit mineralisiert. Die Vorräte werden auf über 100 Mill. t mit 1,2% Cu veranschlagt. Wegen der ungünstigen Transportverhältnisse wird eine Erzeugung von etwa 50000 t Blisterkupfer aus etwa 160000 t Konzentrat jährlich erwogen. Der Abbau soll im Tagebau erfolgen.

Obwohl geographisch günstiger gelegen, ist das zweite Kupfervorkommen Sumdum an der Inland Passage, etwa 80 km südöstlich Juneau, auf Grund seiner Lage in 1000 m Höhe unter einem Gletscher mit einem Gehalt von 1,25% Cu gegenwärtig nicht bauwürdig. Der Erzkörper aus Pyrit mit

Erläuterungen
zur Übersichtskarte der wichtigsten Lagerstätten Alaskas

Symbol	Rohstoff	Nr.	Name der Lagerstätte	Bemerkungen
a	Erdöl	1	Kenai-Halbinsel	Produktion
b	Erdgas	2	Kenai-Halbinsel	Produktion
c	Steinkohle	3	Matanuska-Feld	Produktion
		3a	Bering-River-Feld	Kokskohleprojekt
d	Braunkohle	4	Nenana-Feld	Produktion
		4a	Barrow-Feld	„
e	Eisenerz	5	Kasaan	Projekt
		6	Klukwan	„
		7	Port Snettisham	„
		8	Union Bay	Potentielle Lgst.
f	Kupfer	9	Ruby Creek	Erkund.-Betrieb
		10	Sumdum	Außerbilanzvorräte
		11	Orange Hill	„
		12	Kennecott	Ausgebeutet
		13	Prince-William-Sund	Potentielle Lgst.
g	Blei—Zink —Silber	14	Mt. Eielson	Potentielle Lgst.
		15	Groundhog Basin	„ „
h	Gold	16	Fairbanks-Distrikt	Prod. Bagger
		17	Nome-Distrikt	„ „
		18	Nyac-Distrikt	„ „
		19	Hogatza River	„ „
		20	Chicken Creek	„ „
		20a	Otter Creek, Mt. McKinley	„ „
		20b	Hot Springs, Ft. Gibbon	Prod. Goldseife
		21	Alaska-Juneau	Ausgebeutet
		22	Treadwell, Juneau	„
		23	Chichagof	Potentielle Lgst.
		24	Willow Creek	Abgeb. Goldgrube
		25	Nebesna-Grube	„ „
		26	Chistochina	Abgeb. Goldseife
		27	Chisana	„ „
		28	Valdez Creek	Potentielle Lgst.
		29	Golden Zone	„ „
i	Platin	30	Goodnews Bay	Prod. Bagger
k	Quecksilber	31	Red Devil Mine	Prod. Grube
		32	White Mountain	Potentielle Lgst.
		33	De Coursey Mountain	„ „
l	Antimon	34	Fairbanks-Distrikt	Abgeb. Grube
		35	Stampede-Grube	„ „
m	Chromit	36	Kenai-Halbinsel	Außerbilanzvorräte
n	Zinn	37	Lost-River-Zinngrube	Außerbilanzvorräte
o	Wolfram	38	Hyder-Distrikt	Außerbilanzvorräte
		39	Fairbanks-Distrikt	„
		40	Lost-River-Zinngrube	Nebenprodukt
p	Molybdän	41	Shakan, Kosciusko-Insel	Potentielle Lgst.
		42	Baker-Insel	Arme Erze
		43	Muir-Inlet	„ „
q	Nickel	44	Bohemia Basin, Yakobi-Insel	Arme Erze
		45	Brady-Gletscher	Potentielle Lgst.
r	Uran	46	Bokan Mountain	Abgeb. Grube
s	Kalk	47	Insel Dall	Projekt
		48	Sutton, NE-Anchorage	„

Kupferkies enthält 30 Mill. t Erz, das jedoch im Tiefbau abgebaut werden müßte.

In Orange Hill, einem großen Vorkommen armer, feinverteilter Kupfererze, etwa 60 km nördlich Kennecott, werden Vorräte von 200 Mill. t mit 0,4% Cu und sehr geringen Gehalten von Mo, Ag und Au geschätzt.

Von den früher bebauten Kupfergruben ist die Kennecott-Mine die bedeutendste gewesen. Von 1911—1938 hat sie 544000 t Cu geliefert. Das Erz bestand aus Kupferglanz, Digenit und Covellin, die den dolomitischen Chitistone-Kalkstein der Obertrias verdrängten. Der Kalk wird von dem 1660 m mächtigen Nikolai-Grünstein unterlagert. Es wird angenommen, daß das Kupfer dem basischen Intrusiv entstammt und bei dessen Umwandlung zu Grünstein durch hydrothermale Lösungen mobilisiert wurde, die dann z. T. unter Verdrängung des Kalkes in diesem Erzkörper und Kluftfüllungen bildeten. Ähnliche Kupferlagerstätten entstanden im Gebiet des Prince-William-Sunds im Grünstein als Linsen und Vererzungen in Störungszonen mit Magnetkies, Pyrit, Kupferkies und Zinkblende. Als Gangart treten Quarz und Epidot auf. Von 1900 bis 1930 wurden 97000 t Cu gewonnen.

Die Erzeugung von Blei-Zink-Silber war in Alaska bisher geringfügig, und auch die Aussichten sind ungünstig. Von den Vorkommen sind zu nennen Mt. Eielson am Mt. McKinley im südlichen Mittelalaska mit einem Vorrat von 200000 t mit 5% Zn und 0,2—0,3% Cu, ferner Groundhog Basin östlich Wrangell in Südostalaska, das 550000 t mit 8% Zn und 1,5% Pb sowie 500000 t arme Erze mit 2,5% Zn und 1% Pb enthalten soll.

Gold war bisher das wichtigste Bergbauprodukt in Alaska. Seit 1953 ist die Produktion jedoch wegen der steigenden Kosten bei dem festen Erlös von 35 $ je Unze und auch wegen der fortschreitenden Erschöpfung der Vorräte allmählich zurückgegangen und stand im Jahre 1960 wertmäßig nur noch an zweiter Stelle hinter der Kohle. Für die Jahre 1962 und 1963 wird die Einstellung der größten Baggerbetriebe bei Fairbanks und Nome erwartet. Die noch verbleibenden ärmeren Seifen bei Nome und in anderen Gebieten können jedoch nur bei einem höheren Goldpreis ausgebeutet werden.

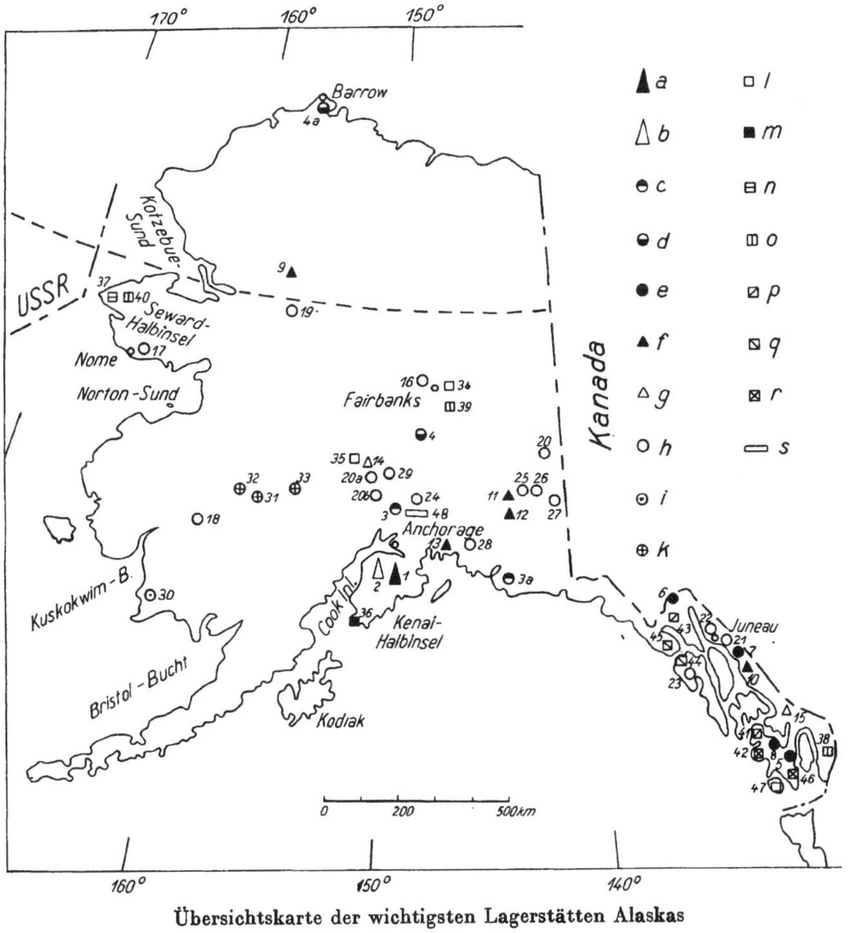

Übersichtskarte der wichtigsten Lagerstätten Alaskas

Die United States Smelting Refining und Mining Co. betreibt die meisten Goldbagger, und zwar vier bei Fairbanks, einen am Chicken Creek in der Fortymile-Zone, einen am Hogatza River, etwa 400 km nordwestlich Fairbanks, und zwei bei Nome. Bei Nyac, 104 km östlich Bethel am Kuskokwim River, arbeitet die New York Alaska Gold Dredging Corp. mit drei Baggern. Kleinere Gesellschaften betreiben noch Goldbagger bei Nome (2), am Woodchopper Creek bei Fairbanks (1) und am Otter Creek, Mt. McKinley (1), ferner kleinere Goldseifen im Fairbanks-Distrikt (2) und bei Hot Springs, Ft. Gibbon (1).

Das Gold kommt größtenteils in alluvialen Seifen vor, lediglich an der Küste der Seward-Halbinsel, bei Nome, werden alte goldführende Küstensande unter der Tundra ausgebeutet, die in drei verschiedenen Horizonten bis zu 27 m über dem Meeresspiegel lagern.

Die Baggerarbeiten zwischen Fairbanks und Nome sind dadurch noch besonders erschwert, daß die bis 50 m mächtigen Deckschichten mit Dauerfrost aufgetaut werden müssen. Entsprechend den örtlichen Verhältnissen werden die aufgetauten Massen mit hydraulischen Monitoren weggespritzt oder durch einen Schreitbagger über Transportbänder wegbefördert. Die Beschaffung des Wassers zum Auftauen erfordert die Anlage langer Gerinne und Gräben. Eis und der Bodenfrost des letzten Winters werden mit Dampf vom Bagger aus aufgetaut.

Die früher so bedeutenden Goldproduzenten im Juneau-Gebiet in Südostalaska, die Alaska-Juneau Mine und die 1,6 km westlich Juneau gelegenen Treadwell-Gruben, haben in der Zeit von 1885 bis 1944 Gold im Wert von 148 Mill. $ geliefert. Das Gold kam in einer mit Quarztrümern verheilten Zerrüttungszone in schwarzen Phylliten zusammen mit Magnetkies, Bleiglanz, Zinkblende, Arsenkies, Pyrit, Kupferkies und Ankerit vor. Die Goldgehalte gehen mit den Pb- und Zn-Gehalten parallel. Die genannten Gruben liegen in dem etwa 200 km langen Juneau-Goldgürtel, wobei an den Enden dieses Gürtels Gold gegenüber Kupfer, Blei oder Zink zurücktritt. Der Goldgürtel ist durch einen etwa 2 km breiten Streifen kristalliner Schiefer von einem Granitbatholithen getrennt. Ähnliche geologische Verhältnisse herrschen in den 120 km weiter südwestlich gelegenen Gold- und anderen Erzlagerstätten des Chichagof-Reviers.

Im Willow-Creek-Revier kommen in Scherzonen eines Quarzdioritmassivs Quarzgänge mit Freigold, Pyrit, Arsenkies, Zinkblende, Kupferkies, Fahlerz, Bleiglanz und an den Salbändern Ankerit vor. Gold im Werte von 9,8 Mill. $ ist hier gewonnen worden.

In der Nabesna-Grube am Südhang der Alaska-Kette tritt Gold in Pyrit-Kalzit-Gängen am Kontakt von Diorit mit Kalkstein der Obertrias auf. Der Wert der Goldproduktion betrug 1,9 Mill. $.

Zwischen dem Talkeetna-Island-Bogen und der Alaska-Ketten-Geosynklinale liegen mehrere Erzreviere, wie Golden-Zone, Valdez-Creek und Chistochina-Revier. Aus den Goldseifen des Chistochina-Reviers wurde bis 1940 für 3 Mill. $ Gold gewonnen.

Bei der Ausbeutung der Goldseifen im Inneren Alaskas zeigte sich, daß diese fast durchweg an mesozoische und tertiäre Granitplutone gebunden sind, die entweder in Schiefer oder in mesozoische Sedimente eingedrungen sind. Die im Dach der Plutone aufsetzenden zahlreichen Ganglagerstätten mit Gold und Pyrit oder Gold mit Arsenkies, Bleiglanz, Jamesonit, Zinkblende und Antimonglanz oder mit goldarmem Antimonglanz oder mit Scheelit haben zur Entstehung der Seifen beigetragen. Selbst Zinnstein und Wolframit wurden in Seifen gefunden, jedoch noch nicht anstehend.

Die Produktion des Fairbanks-Distrikts hat von 1902 bis 1961 einen Wert von 197,9 Mill. $ erreicht, wobei größtenteils Goldseifen ausgebeutet wurden. Dem Fairbanks-Distrikt ähnliche Lagerstätten finden sich auch im Kantishna-Revier, etwa 60 km nördlich des Mt. McKinley.

Auch im Distrikt von Nome sind in Schiefern mit eingelagerten Kalken zahlreiche ähnliche Gangvorkommen bekannt, die jedoch für eine Ausbeutung entweder zu klein oder zu arm sind. Granitplutone wurden nicht festgestellt, müssen jedoch in Analogie zum Fairbanks-Distrikt in der Tiefe angenommen werden. Der Wert des aus den Seifen gewonnenen Goldes beträgt 104,9 Mill. $.

Platin wird aus 27 m mächtigen Seifen in der Goodnews-Bucht nördlich von Kap Newenham gewonnen. Reserven für etwa zehn Jahre sind vorhanden.

Quecksilber wird gegenwärtig in der einzigen Tiefbauerzgrube Alaskas, der Red-Devil-Grube am Kuskokwim River, ungefähr 400 km westlich Anchorage, produziert, und zwar jährlich etwa 4600 Flaschen (1 Flasche = 34 kg). Die 1933 von zwei Prospektoren entdeckte Lagerstätte gehört zu den größeren amerikanischen Quecksilbererzeugern. Sie hat bis 1954 etwa 4000 Flaschen, seither über 23000 Flaschen Quecksilber geliefert. Der mittlere Haufwerksgehalt ist mit 2% Hg gegenüber dem unter 0,5% liegenden Hg-Gehalt der übrigen amerikanischen Lagerstätten relativ hoch, jedoch sind auch die Gestehungskosten hoch und die sicheren Reserven an hochwertigen Erzen gering. Die Erzfälle mit Zinnober, Antimonglanz, Auripigment und Realgar entstehen von kleinen Verwerfungsspältchen in einer gebänderten Grauwacke aus, wo in einer größeren Zerrüttungszone zwei spitzwinklig durchstreichende Andesitgänge samt den angrenzenden Grauwacken zerrend beansprucht worden sind.

Von weiteren Quecksilbervorkommen im Kuskokwim-River-Revier sind vor allem die Lagerstätten von De Coursey Mountain und White Mountain als entwicklungsfähig zu betrachten.

Antimonerze treten in Alaska häufig auf. Im Kuskokwim-River-Revier kommen Antimonglanz, Auripigment und Realgar in Mengen vor, die größtenteils die des Zinnobers übertreffen und als unerwünschte Begleiter betrachtet werden. Ihre gesonderte Gewinnung neben dem Quecksilber ist nur eine Frage der Aufbereitung und Verarbeitung. Zu Beginn dieses Jahrhunderts wurden im Fairbanks-Distrikt etwa 2500 t Antimonglanz gewonnen und in der Stampede-Grube nördlich des Mt. McKinley seit 1936 etwa 2600 t Sb erzeugt.

Am Südwestende der Kenai-Halbinsel ist in Zeiten großen Bedarfs und hoher Preise Chromit aus zwei Dunit-Massiven bei Red Mountain und Claim Point in geringen Mengen gewonnen worden. Die Reserven werden auf 30000 t mit über 40% Cr_2O_3 und 175000 t mit etwa 20% Cr_2O_3 veranschlagt.

Zinn kann in Alaska nur bei hohen Zinnpreisen gewonnen werden. Auf der Westspitze der Seward-Halbinsel könnten dann etwa zehn Jahre lang jährlich etwa 500 t Sn produziert werden. 1951—1955 wurden von der Lost-River-Zinngrube 623 t Zinnkonzentrat mit 52% Sn geliefert. In Zinnseifen am Cape Creek auf der Seward-Halbinsel sollen 2000 t Sn enthalten sein.

Wolframerze sind nur in kleinen Vorkommen im Hyder- und im Fairbanks-Distrikt sowie als Nebenprodukt der Lost-River-Zinngrube bekannt geworden. Sie sind nur bei hohen Wolframpreisen bauwürdig.

Nickelerze kennt man nur in unbauwürdigen Vorkommen. Bei Erkundungsarbeiten in der Bohemia-Bucht der Yakobi-Insel, etwa 160 km südwestlich Juneau, wurden 20 Mill. t mit 0,32% Ni und 0,2% Cu festgestellt, die natürlich neben den 3% Ni + Cu in Sudbury und Thompson in Manitoba nicht bestehen können. Weiter südlich bei Funter Bay, Mirror Harbor und Snipe Bay gelegene Vorkommen zeigen zwar günstigere Gehalte, aber nur geringere Vorräte. Ein weiteres Cu-Ni-Vorkommen westlich von Juneau am Brady-Gletscher hat neuerlich Beachtung gefunden.

Außer dem kleinen Molybdänerz-Vorkommen von Shakan auf der Kosciusko-Insel in Südostalaska mit 10000 bis 20000 t und 0,9% Mo sind nur noch arme Vorkommen mit etwa 0,06% Mo, jedoch mit Mill. t Vorräten am Muir Inlet nordwestlich von Juneau und auf der Baker-Insel westlich von Ketchikan bekannt.

Schließlich ist noch zu erwähnen, daß vom Bokan Mountain auf dem südlichen Teil der Prince-of-Wales-Insel 17000 t Uranerze mit 1% U_3O_8 geliefert wurden.

Die Aussichten, die an Pegmatite gebundenen Elemente Beryllium, Lithium, Niob und Tantal in Alaska zu finden, werden von den Fachleuten ungünstig beurteilt.

Steine und Erden

Von den industriellen Rohstoffen ist Kalkstein in günstiger Lage und guter Qualität reichlich vorhanden. Ein größerer Kalkbruch wird von Ideal Cement auf der Insel Dall angelegt, um den nordwestlichen Pazifik zu beliefern. Für die Zementversorgung Alaskas dient ein Kalkbruch der Permanente Cement Co. bei Sutton, 80 km nordöstlich Anchorage. Lagerstätten von Sand und Kies sind in der Nähe der Zentren des Verbrauchs, Anchorage und Fairbanks, reichlich vorhanden. Der große Bedarf für militärische Bauten hat die Erzeugung von Sand und Kies in den letzten Jahren fast bis zum Wert der Gold- und Kohleproduktion ansteigen lassen. Mit der Verstärkung der Erdöl- und Erdgas-Bohrtätigkeit ist eine Überprüfung der Schwerspatvorkommen in Südostalaska zu erwarten, um den Bedarf an Dickspülungszusätzen im Land decken zu können.

Von den staatlichen Institutionen zur Unterstützung der Prospektionstätigkeit Einzelner oder besonderer Erkundungsbetriebe ist zuerst das U. S. Bureau of Mines zu nennen, das ein Alaska Office of Mineral Resources in Juneau eingerichtet hat, das noch eine Zweigstelle und ein Kohlenlaboratorium in Anchorage unterhält. Die darüber hinaus noch durchgeführten wissenschaftlichen Untersuchungen und die Vorerkundungen von Rohstofflagerstätten sind mit den Arbeiten des U. S. Geological Survey abgestimmt. Vorratsberechnungen sowie wirtschaftliche Studien und Statistiken gehören gleichfalls zu dem Aufgabenbereich. Die Ergebnisse werden als Information Circulars oder als Area Reports im „Mineral Yearbook" des „Bureau of Mines" veröffentlicht.

Seitens des Staates Alaska wurde eine Division of Mines and Minerals beim Department of Natural Resources eingerichtet, die in Juneau ihren Sitz hat. Neben einer Verwaltungstätigkeit hinsichtlich der Eigentumsverhältnisse, des Bergrechts und der Vorschriften über Sicherheit und Gesundheitsschutz im Bergbau obliegt dieser Stelle die gründliche wirtschaftliche Analyse, die Anregung zu weiterer Erschließung der Rohstoffquellen dieses großen Landes und das Studium der Handelsbeziehungen in Rohstoffen zu den benachbarten Ländern.

Die widrigen Umstände, mit denen eine Belebung der wirtschaftlichen Erschließung der Bodenschätze Alaskas zu kämpfen hat, sind vor allem das Fehlen gelernter Arbeiter, die schwierigen Transportverhältnisse und der Mangel an heimischem Kapital. Dazu kommen noch die natürlichen Schwierigkeiten, die sich aus der Lage dieses riesigen Landes im äußersten Nordwesten des amerikanischen Kontinents ergeben: das kalte Klima, das den weitverbreiteten Dauerfrostboden bedingt, die große Ausdehnung bei geringer Besiedlung und die zerrissene Oberfläche weiter Teile des Landes. Andererseits stehen noch riesige unentwickelte Wasserkräfte zur Verfügung; Kohle sowie Erdöl und Erdgas in günstiger Lage zu den Verbrauchszentren werden in steigendem Maße Industrie und Menschen anziehen, wodurch auch der Bau von Straßen und Bahnen eine Anregung erfahren wird.

Die durch die besonderen Verhältnisse in Alaska bedingten höheren Kosten für die Ausbeutung der Bodenschätze ergeben sich aus den höheren Löhnen für Arbeiten unter arktischen Bedingungen, der hohen Frachtbelastung für Material, den größeren Aufwendungen für Unterbringung und Unterhalt und aus den Schutzmaßnahmen gegen Kälte. Außerdem bedingen die klimatischen Schwierigkeiten beschränkte Betriebsmöglichkeiten. 1960 waren z. B. die Bergbaubetriebe Alaskas, vorwiegend Seifenbetriebe, im Mittel nur 159 Tage in Produktion. Selbst bei Betrieben, die günstig an Wasserstraßen gelegen sind, muß mit 1,5 mal höheren Gestehungskosten als in den übrigen Staaten der USA gerechnet werden.

Für eine zunehmende Belebung des Bergbaus in Alaska sprechen der steigende Bedarf an Metallen — vor allem an Eisen — im pazifischen Raum und das im allgemeinen zunehmende Interesse an den Bodenschätzen nördlicher Gebiete.

Im besonderen kann der Bedarf Japans an Eisen, Kupfer und Nickel wegen der kürzeren Transportwege gegenüber Britisch-Kolumbien teilweise auch in Alaska gedeckt werden. Die Aussichten für den Bergbau Alaskas werden deshalb nicht ungünstig beurteilt, obwohl eine überraschend schnelle Entwicklung nicht zu erwarten ist. Selbstverständlich ist bei der Größe des Landes nicht ausgeschlossen, daß noch Lagerstätten von besonderer Größe und mit günstigen Gehalten entdeckt werden.

Literatur

ANONYM: Principal Alaskan dredging operations. — Min. Eng., 13, 1335 bis 1336 (1961).

MCFARLAND, C. E.: Evans Jones coal operation. — Min. Eng., 13, 1330 bis 1332 (1961).

HERDLICK, J. A.: Federal, State activities. — Min. Eng., 13, 1347—1349 (1961).

HERREID, G.: Geology and ore deposits of Alaska. — Min. Eng., 13, 1316 bis 1325 (1961).

KAUFMAN, A.: Economic aspects of Alaskan mining. — Min. Eng., 13, 1344—1346 (1961).

LUND, R. J.: Future of Alaskan mineral industry. — Min. Eng., 13, 1351 bis 1355 (1961).

LYMAN, R. F.: The Red Devil Mercury Mine. — Min. Eng., 13, 1337—1339 (1961).

WAUGAMAN, W. I.: Usibelli coal stripping operations. — Min. Eng., 13, 1333—1334 (1961).

Besprechungen und Referate

OELSNER, O.

Atlas der wichtigsten Mineralparagenesen im mikroskopischen Bild

Hrsg. Hauptabt. Fernstudium der Bergakademie Freiberg; VEB Deutscher Verlag der Wissenschaften, Berlin 1961. — 1. Aufl., VII, 309 S.; 86,80 DM

Der vorliegende Paragenesenatlas stellt einen Versuch dar, besonders dem Fernstudenten und Autodidakten, aber auch dem schon geübten Praktiker zum Identifizieren von Erzmineralien unter dem Mikroskop ein Kriterium in die Hand zu geben, das außerhalb des eigentlichen Minerals liegt, nämlich seine Paragenese. Der grundlegende Gedanke des Werkes, unbekannte Mineralien u. d. M. in Verbindung mit ihrer Paragenese zu sehen und die Paragenese als Hilfsmittel zur Bestimmung zu benutzen, ist in dieser Form neu und bestechend. Er ergibt sich konsequent aus der lagerstättenkundlich-paragenetischen Arbeitsrichtung des Instituts für Mineralogie und Lagerstättenlehre an der Bergakademie Freiberg, dessen Direktor der Autor ist. Der Paragenesenatlas knüpft an große Traditionen des Instituts an, vor allem an das Werk AUGUST BREITHAUPTS, der dort vor 112 Jahren seine „Paragenesis der Mineralien" geschrieben hat.

Der Atlas der Mineralparagenesen ist kein Nachschlagewerk wie vielleicht etwa der „RAMDOHR" — er soll diesen, wie der Autor im Vorwort selbst schreibt, auch nicht ersetzen —; der Atlas ist ein Buch zum Studieren. Jede Paragenese wird als ein in sich abgeschlossenes Ganzes behandelt, und zwar steht am Anfang jeweils eine knappe lagerstättenkundlich-genetische Einschätzung, dann folgt eine tabellarische Zusammenstellung der betreffenden Erzmineralien und Gangarten, geordnet nach ansteigendem Reflexionsvermögen, mit Angaben über das Kristallsystem, d-Werte, Polierverhalten, Härte, Farbe, Reflexionsvermögen, Bireflexion, Anisotropieeffekte und besondere Kennzeichen. An diese Tabelle schließen sich sodann die Abbildungen (insgesamt 494) an. Einige Farbaufnahmen vermitteln einen Eindruck über Farbeffekte im einfachen und im polarisierten Licht. In wenigen Fällen sind zur besseren Kennzeichnung der Paragenese Durchlichtaufnahmen eingeschaltet.

Der Autor beschreibt und bildet 20 Paragenesen ab, unterteilt in solche, die als Abkömmlinge sialisch-palingener Magmen gelten (Blei-Zink-, Eisen-Baryt-Uran-Selenid-, Wismut-Kobalt-Nickel-, Gold-Tellur-, Quarz-Kassiterit-Wolframit-Molybdänit-, Kupfer-Eisen-Arsen-, Chalkopyrit-Tetraedrit-Tennantit-Karbonat- und Antimonit-Zinnober-Paragenese), als Abkömmlinge simatischer Magmen (Chromspinell-, Titanomagnetit-Ilmenit-, Nickelmagnetkies-Pyrrhotin-, Karbonat-Manganoxyd- und Hämatit-Eisensilikat-Manganoxyd-Paragenese), die in Lagerstätten des exogenen Kreislaufes auftreten (marin-sedimentäre Eisenerzparagenese und Seifenparagenesen) und die metamorph umgewandelt sind (Eisenerz-, Titanomagnetit-Ilmenit-, Cobaltin-Sulfid- und Manganerz-Paragenese).

Dem Atlas liegen ein Sachregister und Arbeitsblätter samt einem Koordinatenkreuz bei. Mit Hilfe des letzteren kann man sich über die in den Aufnahmen abgebildeten Erzmineralien näher orientieren.

Wie dem Ref. scheint, wird sich besonders für den in der Erzmikroskopie noch wenig Erfahrenen der Gebrauch des Koordinatenkreuzes und der Arbeitsblätter als nicht besonders vorteilhaft erweisen, da die Inanspruchnahme von vier Hilfsmitteln (Abbildung, Bildunterschrift, Koordinatenkreuz und Arbeitsblätter) zum schnellen Verstehen des Bildmaterials zu kompliziert ist. Die althergebrachte Methode, in der in der Bildunterschrift zwecks Erkennung des Minerals auf die hervorstechendsten Eigenschaften wie Form, Relief, Porosität, Lage, Grauwerte u. a. eingegangen wird, ist zweckmäßiger.

In einer zweiten Auflage wird man einige in ihrer Qualität nicht ganz zufriedenstellende Abbildungen austauschen können, weitere, wie z. B. solche aus der typischen Kupferschieferparagenese, sollten beigefügt werden.

Dem Paragenesenatlas ist eine recht weite Verbreitung zu wünschen. Er wird sicher zur besseren Identifizierung der Erzmineralien unter dem Mikroskop und damit zum besseren Verständnis der Paragenese der Mineralien als ein Hilfsmittel zum Erkennen ihrer Bildungsbedingungen beitragen.

TISCHENDORF

Autorenkollektiv

Methoden der polarographischen Analyse mineralischer Rohstoffe

Moskau 1960. — 164 S., 43 Tab., 51 Abb.; 5,30 Rbl.

Dieses Werk ist eine Wiedergabe von Vorträgen, die anläßlich eines Seminars sowjetischer Naturwissenschaftler über Polarographie gehalten und diskutiert wurden. Es zeigt, daß sich die polarographischen Arbeitsmethoden in der analytischen Chemie durchsetzen und immer mehr Anwendung finden. So ist die Polarographie für die Untersuchung von Spurenelementen in Mineralien und Gesteinen sehr geeignet und besitzt mehrere Vorteile gegenüber klassischen Methoden. Dieser Fragenkomplex wird im 1. Teil („Zu einigen Fragen der polarographischen Analyse") eingehend behandelt. W. G. SOCHEWANOW gibt in seinem Referat „Die Polarographie von Mineralien" eine Gegenüberstellung der verschiedenen chemischen (z. B. Gravimetrie, Volumetrie), physikalisch-chemischen (Amperometrie, Potentiometrie, Kolorimetrie usw.) und physikalischen (Spektralanalyse, Röntgenometrie) Analysenmethoden mit ihren Anwendungsbereichen und Genauigkeiten wieder. POPOWA berichtet über polarographische Untersuchungen in Wässern. Von polarographischen Bestimmungen mittels Komplexon III im NH_4Cl-Medium schildern SCHERBOW und SAGALOWITSCH. Von „Polarographischer Untersuchung in Serienanalysen" handelt eine weitere Ausführung des 1. Kapitels. Es sind hier besonders die Elemente Cadmium, Nickel und Zink, die ausführlich beschrieben werden. „Über Perspektiven der Anwendung der Pulspolarographie in Serienanalysen" und „Anwendung der Tropfelektrode bei polarographisch-analytischen Methoden" ist ebenfalls umfassend geschildert. In allen Vorträgen wird auf mehrere Literaturstellen hingewiesen. Das 2. Kapitel des Buches behandelt das Thema „Polarographische Eigenschaften von Elementen". Hier werden die Elemente Wismut, Indium, Arsen, Blei, Selen, Tellur und Gallium ausführlich beschrieben und Arbeitsvorschriften angegeben. Das letzte Kapitel beinhaltet Erkenntnisse und Erfahrungen, die beim polarographischen Arbeiten mit mineralischen Rohstoffen gemacht wurden. Es sind vor allem die Buntmetalle Kupfer, Blei, Zink und die Elemente, die im 2. Teil näher behandelt wurden, ausführlich geschildert. Weiterhin werden Apparaturen, deren Anordnungen und Eichungen sowie Auswertungsmethoden der Polarogramme beschrieben.

Dieses Buch gibt einen zusammenfassenden Überblick über polarographische Methoden bei der Untersuchung von Mineralien in der UdSSR und zeigt uns Wege, die zu beschreiten sind, um der geologischen Forschung schneller genauere Analysenergebnisse zu übergeben.

W. Hödt

Myers, A. R., R. G. Havens & P. J. Dunton

A Spectrochemical Method for the Semiquantitative Analysis of Rocks Minerals and Ores

M. S. Geological Survey Bulletin 1084-I, S. 207—229 (1961)

Diese Arbeit beschreibt eine visuelle Vergleichsmethode (Doppelprojektor) für die halbquantitative spektrochemische Analyse von Pulvern mit dem Gleichstrombogen als Anregungsquelle. Die Methode wurde für verschiedenes geologisches Material angewendet. Auf diese Weise sind 68 Elemente routinemäßig geprüft worden. Die Schnelligkeit der Analyse und die Angaben der Resultate in „Drittel-Größenordnungen" (die Elementabstufungen vermindern sich geometrisch um einen Faktor, der dem reziproken Wert der $\sqrt[3]{10}$ entspricht) haben das Verfahren recht wertvoll gemacht.

Die Daten des Verfahrens:

Spektralapparat	— Wadsworth-Gitterspektrograph 15000-Linien/Zoll 5,24-Å/mm-Dispersion in der 1. Ordnung
Anregung	— Gleichstromdauerbogen 12—13 A, 300 V
Belichtung	— 120 sec (vollständige Verdampfung)
Elektroden	— Probeelektrode 6,3 mm ⌀, dünnwandiger Hohlraum (United Carbon Products, Type Nr. 3170), Gegenelektrode 6,3 mm ⌀, halbkugelförmig abgeschliffen
Elektrodenabstand	— 5—6 mm, während der Belichtung konstant gehalten

Große Matrixeffekte, die zwischen den Proben und den verwendeten Standardsubstanzen auftreten, werden durch Zugabe von Graphit und Puffersubstanzen eliminiert. Es wird mit „Standardplatten" gearbeitet. Durch eine jeweilige Emulsionsempfindlichkeitsprüfung werden Plattenfehler (besonders bei neuen Plattenlieferungen) ausgeglichen, damit die Vergleichbarkeit der Eich- und Probenspektren gewährleistet ist.

Generell werden 10 mg der Proben mit 20 mg Graphit gemischt und vollständig in die Probeelektrode übergeführt. Die Anregung der Proben ist so gewählt, daß die gesamte Substanzmenge verdampft wird.

Detaillierte Angaben über die Standardherstellung und die Elementgruppierung sind in mehreren Tabellen gegeben. Ebenso sind die für die Analyse verwendeten Spektrallinien und die Bestimmungsgrenzen angeführt.

Vergleiche mit chemischen, quantitativ spektralanalytischen, radiochemischen und röntgenspektrometrischen Analysenmethoden wurden vorgenommen. Diese Betrachtungen (an ca. 700 Analysen) haben ergeben, daß 69,3% der halbquantitativen spektralanalytischen Resultate die chemischen Resultate in der Drittel-Größenordnung einschließen, 29,9% um eine Drittel-Größenordnung differieren und nur 0,8% der Angaben eine Drittel-Größenordnung überschreiten.

R. Schindler

Wada, K.

Lattice Expansion of Kaolin Minerals by Treatment with Potassium Acetate

„Am. Mineral.", Vol. 16 (1961), S. 78—91

Die Aufweitung des Gitters von Metahalloysit durch Äthylenglykol ist kein absolut sicheres Verfahren, um die 7-Å-Basalreflexe von Metahalloysit und Kaolinit sicher zu trennen. Nicht alle Metahalloysite reagieren mit Äthylenglykol.

Der Autor sowie auch Garret & Walker zeigten in den letzten Jahren, daß Halloysit mit bestimmten Alkalisalzen Komplexverbindungen eingeht.

Verf. überträgt diese Untersuchungen nun erst auf Metahalloysit. Als bester Komplexbildner erwies sich Kaliumazetat. Beim Trocknen aus K-Azetat-Lösungen und beim trockenen und feuchten Verreiben von Metahalloysit (und auch Halloysit) mit K-Azetat entsteht ein 14-Å-Halloysit-Azetat-Wasser-Komplex. Durch Waschen läßt sich das Azetat entfernen, und nach Lufttrocknung liegt ein normaler 10-Å-Halloysit vor. Die bis jetzt als irreversibel betrachtete Umwandlung Halloysit → Metahalloysit ist damit über den Umweg eines Azetatkomplexes reversibel.

Kaolinit reagiert einzig und allein beim trockenen Verreiben mit K-Azetat unter Komplexbildung. Der 14-Å-Kaolinit-Azetat-Wasser-Komplex wird durch Auswaschen und Lufttrocknung zerstört. Zurück bleibt ein gittergestörter Kaolinit. Er zeigt eine breite 7-Å-Interferenz, die beiden Tripel bei 2,56; 2,53; 2,50 Å und 2,38; 2,34; 2,29 Å werden zu einer Doublette bei 2,56 und 2,50 Å und einem breiten Reflex bei 2,34 Å, Merkmale, die auf einen Übergang zum Fireclay-Mineral weisen.

Bei Pyrophyllit, Talk, Antigorit und Chrysotil konnten keine Gitteraufweitungen erzielt werden. Daraus wird geschlossen, daß der 14-Å-Azetat-Wasser-Komplex typisch für Kaolinit-Halloysit-Mineralien ist.

Zur Unterscheidung der Röntgeninterferenzen von Kaolinit und 7- und 14-Å-Chloriten empfiehlt Wada das Auswaschen des 14-Å-Kaolinit-Azetat-Wasser-Komplexes mit NH_4Cl oder NH_4NO_3, wobei man die entsprechenden Komplexe mit Basisabständen von 10 bzw. 11 Å erhält.

Steinike

Wetzel, W.

Die Anwendung der lumineszenzmikroskopischen Sediment-Analyse in der erdölgeologischen Grundlagen-Forschung

„Erdöl und Kohle", Jg. 13 (1960), Nr. 8, S. 541—544

Die lumineszenzmikroskopische Untersuchung von Dünnschliffen erlaubt die Entscheidung, ob tierische oder pflanzliche organische Materie vorliegt, da die pflanzliche Substanz keine Lumineszenz zeigt. Die lumineszierenden Stoffe sind Sedimentreste, weil das meiste als Mobilbitumen auswanderte, sie lassen aber trotzdem Schlüsse auf die Muttergesteinsfazies zu. Es ist anzunehmen, daß auch nicht-euxinische Gesteine als Muttergestein in Frage kommen, wenn die Sedimentation schnell genug war. Schwarze Gesteine, deren organischer Inhalt pflanzlicher Herkunft ist, sind jedoch keine Sapropele und deshalb auch keine Muttergesteine. Auch der Hauptdolomit des Zechsteins enthält viel pflanzliches Material und ist deshalb kein eigentliches Muttergestein. An zwei Beispielen wird die Bedeutung der Lumineszenzanalyse für die Erdölprognose erläutert.

R. Meinhold

Němec, V. & F. Fic

Mechanisierung der Vorratsberechnung von Mineralrohstoffen

‚Geologický průzkum", Nr. 7, S. 208—209, Praha 1961

Die Dokumentation der durch eine Lagerstättenerkundung ermittelten Vorräte mineralischer Rohstoffe erfordert sehr umfangreiche Rechenarbeiten, die den Geologen und seine Mitarbeiter zeitweise stark in Anspruch nehmen. Andererseits liegt der Schwerpunkt der geologischen Tätigkeit im Gelände bei der Vorbereitung, Durchführung und Lenkung der technischen Untersuchungsarbeiten, der Probenahme und der Auswertung der Ergebnisse. Die sich hierbei ergebenden Diskrepanzen überbrückt die Geologische Erkundungsanstalt in Prag durch eine Mechanisierung der Rechenarbeiten mit Hilfe von Lochkartenmaschinen, die bekanntlich auf den Gebieten der Statistik und der Verwaltung bereits seit langem eine vielseitige Verwendung gefunden haben.

Vorratsberechnungen eignen sich meistens besonders gut für die Anwendung mechanischer Hilfsmittel, da es sich um eine Vielzahl von Bohrungen, Proben, Analysen, Blöcken u. dgl. handelt, mit denen jeweils die gleichen Rechenoperationen durchgeführt werden müssen. Jeder Fall wird durch eine Karte dargestellt. Durch entsprechende Sortierung und Summierung erhält man Zusammenstellungen nach beliebigen Gesichtspunkten.

In der ČSSR verwendet man die „Aritma"-Lochkartenmaschine mit 90stelligen Karten. Mit einem Locher werden die erforderlichen Orientierungsangaben und Eintrittswerte (z. B. Mächtigkeit, Metallgehalt der Proben u. a.) angebracht. Ein besonderes Kontrollgerät stellt die Übereinstimmung der eingetragenen Werte mit den bei der Überprüfung angegebenen Werten fest und bleibt bei Differenzen stehen.

Die gelochten und mit Kontrollmarkierung versehenen Karten durchlaufen einen Rechenapparat, in dem nach vorhergehender Programmierung beliebige Grundrechenoperationen durchgeführt werden. Die Richtigkeit der Berechnung wird kontrolliert und die Karte erneut gekennzeichnet. Ein Sortierapparat ordnet die Karten in der durch die Indikationen (z. B. Bohrlochnummer, Teufe usw.) angegebenen Reihenfolge. Bei mehrstelligen Angaben sind wiederholte Durchläufe erforderlich.

Der Tabellator kann beliebige Angaben auswählen und zusammenzählen, wobei er auch die Indikationen und Werte abschreibt, die er nicht zusammenzählt. Die genannten Maschinen erreichen Durchlaufgeschwindigkeiten von 6000 bis 8000 Karten je Stunde und mehr (die Sortierapparate bis 24000 Karten!).

Die Geologische Erkundungsanstalt in Prag hat in den letzten Jahren auf diese Weise zahlreiche Vorratsberechnungen aus dem Erzrevier Příbram und Stříbro und dem Braunkohlenrevier Chomutov durchgeführt. Sie wird künftig auch die Berechnung der Vorräte größerer Kalk-, Zementrohstoff-, Glassand- und Gießereisandlagerstätten auf diese Weise mechanisieren. Besonders bei der Berechnung polymetallischer Gangerze hat sich das Verfahren bewährt. Hier müssen einige tausend Analysen ausgewertet und die verschiedenen Metallgehalte mit Hilfe gegebener Koeffizienten auf das Grundmetall umgerechnet werden. Erst hierdurch ergibt sich die Bilanzwürdigkeit der Vorräte in den einzelnen Blöcken.

Natürlich muß man sich klar sein, daß Aufgaben vorkommen, die der logischen Überlegung des Menschen vorbehalten bleiben, die durch keinen Automaten ersetzt werden können. Wenn man diese natürlichen Grenzen berücksichtigt, ist die Mechanisierung der Rechenarbeiten sehr zu empfehlen. Man hat auch die Möglichkeit, die erhaltenen Rechentabellen in jeder gewünschten Anzahl zu reproduzieren. Den geologischen Mitarbeitern ermöglicht das Verfahren, sich gründlicher der eigentlichen Erkundungstätigkeit zu widmen.

G. Hass

Kister, E. G.

Die Thermostabilität von Tonspülungen und Möglichkeiten ihrer Verbesserung

„Neftjanoje chosjaistwo", H. 11, 1961, S. 18–25

Im Grosny- und Stawropoler Gebiet betragen die Sohlentemperaturen vieler Bohrungen 150–180°C. In den USA wurden bereits 240–250°C verzeichnet. Dabei verliert die Tonspülung die für die praktische Arbeit erforderlichen Eigenschaften, so daß das Problem der Thermostabilität von Bohrspülungen einer dringenden Lösung bedarf.

Im wissenschaftlichen Forschungsinstitut für Bohrtechnik der UdSSR erfolgt die Erhitzung der Spülung im Temperaturbereich von 95–220°C entweder statisch im Thermostaten oder dynamisch in Drehautoklaven, die zusätzlich durch freifallende Kugeln umgerührt werden. Abbildungen zeigen weiterhin Wasserabgabegeräte für bohrlochangenäherte Bedingungen.

Die Temperaturbehandlung bringt Viskositätserhöhungen und einen Anstieg der Wasserabgabe. Diese Wirkungen sind teilweise reversibel, und zwar dann, wenn keine Veränderungen der Spülungschemikalien erfolgen. Carboxylmethylzellulose (CMC) und Sulfatzellulose (SEC) zerfallen aber bereits bei 120–130°C; ab 150°C sind sie untauglich. Verhältnismäßig thermostabil sind die kohlenalkalische Lösung (KAL) und die kondensierte Sulfitspritablauge (KSSA) in Spülungen auf Süßwasserbasis mit max. 1,5% Salz. Höchste Thermostabilität gewährleistet ein neuer Stabilisator Hypan (hydrolisiertes Polyacrylonitril). Bei Zusatz von 10 g/l einer 30%igen Tonspülung, die mit 15 g/l Salz geschädigt wurde, ergeben sich nach 90stündiger Thermobehandlung bei 200°C 8 ml Wasserabgabe. Folgende Qualitätsabstufung zur Senkung der Wasserabgabe in salzfreien Spülungen wurde aufgestellt:

Hypan > KSSA > CMC > SEC > Stärke > Algen

Viskositätsverminderer halten der Thermobehandlung zumeist nicht stand, sie sind nur in Verbindung mit anderen Reagenzien einsetzbar, dagegen scheinen oberflächenaktive Substanzen ein wirksames Hilfsmittel gegen die Koagulation der Tone bei Anwesenheit von Elektrolyten zu sein.

Das Verhalten der Spülung bei Druck, Temperatur und Zirkulation wird analysiert. Es zeigt sich, daß der Druck mehr oder weniger theoretische Bedeutung hat. Hohe Temperaturen beschleunigen Peptisation, thixotrope Strukturbildung und Koagulation; es resultieren daraus eine Verdickung der Spülung und ein Anstieg der Wasserabgabe. Die Meßergebnisse und ihre Einschätzung sind nur dann real, wenn die Messungen den an der Bohrlochsohle herrschenden Verhältnissen entsprechen.

B. Heyne.

Kamenew, S. P.

Methodik der Interpretation von Bohrlochmeßergebnissen aus Nordostsachalin

„Prikladnaja geofisika", Nr. 31, S. 266–287, Moskau 1961

Im Nordosten von Sachalin werden einige Erdöllagerstätten in miozänen und pliozänen Sand- und Schluffsteinen erkundet. Der Tongehalt dieser Speicher kann beträchtlich sein; die spezifischen Schichtwasserwiderstände (R_w) schwanken wegen der ganz verschiedenen Salzkonzentrationen von 0,22 bis 17 Ohm · m (auf T = 20° umgerechnet). Für diese Gesteine wird ein praktisch komplettes Interpretationssystem beschrieben, das alle interessierenden Parameter, insbesondere Porosität, Kohlenwasserstoffsättigung und Tongehalt, aus Bohrlochmessungen zu ermitteln gestattet. Wenn dabei die tatsächliche Leistungsfähigkeit der verwendeten Methoden gelegentlich etwas optimistisch beurteilt wird, so kann dieses System doch als vorbildlich angesehen werden. Für den deutschen Leser ist es deshalb von Interesse, weil die untersuchten Gesteine — abgesehen vom relativ hohen Schichtwasserwiderstand — in ihren meisten Eigenschaften den Speichergesteinen unseres Mesozoikums sehr ähnlich sind, so daß in beiden Fällen eine vergleichbare Aufgabenstellung besteht. Außerdem ist die Darstellung in ihrer Geschlossenheit auch für den Nichtgeophysiker, der sich über typische quantitative Arbeitsmethoden der Bohrlochgeophysik informieren will, sehr aufschlußreich.

Die Speichergesteine werden mittels Kaliber-, SP-, Gamma- und Widerstandsmessungen lokalisiert. Grundsätzlich wird dann zunächst ihr Tongehalt bestimmt, weil die Interpretation für tonige (entspr. etwa unseren Schluffsteinen) und nichttonige Gesteine (Tongehalt unter 10 bzw. 20 Gew.-%, je nach Porosität) verschieden ist. Der Tongehalt wird aus der Gammakurve quantitativ bestimmt, nachdem diese mittels der Nomogramme von Blanchard u. Dewan korrigiert ist. In nichttonigen Speichern dienen die allgemein bekannten Beziehungen $F = R_i/q \cdot R_{mf}$, $F = 1/p^m$ und $R_t/R_o = 1/S_o^n$ zur Bestimmung der Porosität p (über den Formationsfaktor F) und der Kohlenwasserstoffsättigung S_o (R_i, R_{mf}, R_t, R_o — spez. Widerstände der Infiltrationszone, des Spülungsfiltrats, des nichtinfiltrierten Gesteins, des nichtinfiltrierten wassergesättigten Gesteins resp.; q — Korrekturkoeffizient für die Restölsättigung; m und n — gesteinsspezifische Exponenten). R_o ist, wie überall, schwer zu bestimmen, dafür werden mehrere Methoden angegeben. Eine semiquantitative Methode der Abschätzung des Kohlenwasserstoffgehalts, die in einer Gegenüberstellung der auf einen Bezugshorizont bezogenen Neutron-Gamma-Amplitude und des Quotienten R_t/R_w beruht, wird für Sonderfälle empfohlen, kann aber allgemein verwendet werden. Für Speicher, deren Tongehalt nicht mehr vernachlässigbar klein ist, wird ein ebenfalls semiquantitatives Interpretationsverfahren entwickelt, das in der rechnerischen Ermittlung des scheinbaren SP-Koeffizienten $K = -E/\lg(R_i/R_t)$ besteht; darin ist E die Amplitude der SP-Kurve an der untersuchten Schicht. Von einer bestimmten Größe des Parameters K an ist die untersuchte Schicht als kohlenwasserstoffhaltig zu betrachten.

Die Darstellung wird durch Interpretationsbeispiele anschaulich ergänzt.

K. Lehnert

Andreae, H.

Hydrometrische Verfahren und Fernmeßgeräte, ihre Aufgaben im Dienste der Landeskultur

VEB Deutscher Verlag der Wissenschaften, Berlin 1961. — 96 S., 34 Abb.; DM 14,70

Das im gleichen Verlag erschienene und rasch vergriffene Buch des Verfassers „Grundwassermessungen, ihre Aufgaben und Verfahren im Dienste der Landeskultur" zeigt, wie sehr dieses Anerkennung gefunden hat. Es ist daher zu begrüßen, wenn die 2. Auflage in wesentlich erweiterter Form jetzt unter obigem Titel herausgekommen ist. Damit haben Verlag und Verfasser den Wünschen vieler Fachleute Rechnung getragen.

In diesem für die Hydrometrie bedeutenden Werk werden die vom Autor und seinen Mitarbeitern des Hydrologischen Instituts der Humboldt-Universität Berlin entwickelten Meßverfahren behandelt, die den in der Praxis tätigen Hydrologen ein gutes Rüstzeug zur Erfüllung ihrer volkswirtschaftlich wichtigen Aufgaben in die Hand geben.

In den Geleitworten solch bekannter Fachleute wie DENNER und WECHMANN kommt zum Ausdruck, wie notwendig es ist, mathematisch begründete und physikalisch exakte Meßverfahren zur Ermittlung unseres Wasserhaushaltes, entsprechend dem heutigen Stand unserer Technik, zu entwickeln, weil die üblichen Meßmethoden vielfach veraltet sind und oftmals kaum mehr den lokalen Erfordernissen gerecht werden können. Dies trifft besonders für die Meßverfahren des Grundwassers zu. Es ist deshalb ein besonderes Verdienst des Verf., mit der vorliegenden Arbeit ein neues Stadium der modernen Hydrometrie und damit der weiteren Erforschung vor allem des immer mehr an Bedeutung gewinnenden Grundwassers einzuleiten.

Die Vorteile der neuentwickelten Geräte lassen sich gegenüber den herkömmlichen Geräten in folgenden Punkten zusammenfassen: wesentlich höhere Meßgenauigkeit, beträchtliche Erniedrigung der Herstellungskosten, höherer Zuverlässigkeitsgrad, Einsparung von Arbeitskräften, unkomplizierte Handhabung, Fernregistrierung mit Signalisierungssystemen bei eventuellen Störungen.

Das vorliegende Werk besteht aus zwei Hauptteilen, wobei der I. im wesentlichen dem Text der 1. Auflage entspricht. Dies erweist sich als zweckmäßig, weil die im II. Teil beschriebenen Verfahren eng mit den früheren zusammenhängen bzw. sie zum Teil ergänzen. Es ist besonders erfreulich, daß in dieser Auflage die physikalischen und technischen Details ausführlicher dargestellt werden, zu bedauern ist dagegen das Fehlen eines Sachwortverzeichnisses. Im einzelnen werden die neuen Geräte und Verfahren eingehend beschrieben.

Bei manchen von ihnen bleibt es allerdings abzuwarten, ob sie in ihrer Ausstattung den mitunter hohen Geländeansprüchen genügen. Es ist deshalb zu wünschen, daß diese Geräte bald Eingang in die Produktion und damit in die Praxis finden, um sie anhand von Erfahrungen weiter zu entwickeln und zu verbessern.

Es ist zu wünschen, daß dieses Buch im In- und Ausland die gleiche Anerkennung finden möge, wie schon die 1. Auflage.

Allen Wasserfachleuten, auch den jetzt in der DDR erstmalig zur Ausbildung kommenden Studenten der Hydrologie, kann es sehr empfohlen werden. R. HERRMANN

VOSS, R.

Die Bodenverdichtung im Straßenbau

Werner-Verlag GmbH, Düsseldorf 1961. — 4. Aufl., 48 S.; 4,40 DM

Die Anforderungen, die an Güte und Haltbarkeit bei Straßen- und Flugplatzbauten gestellt werden, nehmen durch den immer stärker werdenden Verkehr und die zunehmenden Lasten ständig zu.

Ein sehr wichtiges Problem ist hierbei eine ordnungsgemäße und gute Verdichtung des Untergrundes und Unterbaues. Besonders in den letzten 10 Jahren haben sich viele namhafte Fachleute des Verkehrsbaues mit diesen Fragen beschäftigt. Das von R. VOSS zusammengestellte Büchlein gibt in sehr umfassender Weise Auskunft zu Fragen der Verdichtung im Straßen- und Flugplatzbau.

Im Abschnitt II werden die Verdichtungsvorgänge bei nichtbindigen und bindigen Gesteinen behandelt, während im Abschnitt III die entsprechend der ZTVE geforderten Verdichtungswerte erläutert werden. Der Autor weist hier sehr eindringlich auf den erforderlichen Wassergehalt eines zu verdichtenden Gesteins hin. (Leider wird diesem Problem in der Praxis viel zu wenig Rechnung getragen.)

Im Abschnitt IV sind die wichtigsten und modernsten Verdichtungsgeräte für den Straßenbau beschrieben (Wirkungsweise, Verwendbarkeit, zweckmäßigster Einsatz usw.). Eine tabellarische Zusammenstellung von Verdichtungsgeräten und deren Wirkung im Einsatz bei den verschiedenen Gesteinsarten beschließt diesen Abschnitt.

Die zahlreichen Methoden, die in der Praxis zur Nachprüfung der Verdichtung Anwendung finden, sind im Abschnitt V erläutert. Besonders ist hier zu erwähnen, daß die in den letzten Jahren gesammelten Erfahrungen auf Baustellen und Feldlaboratorien bei den einzelnen Untersuchungsmethoden berücksichtigt werden. Mit dem Abschnitt VI (Schlußfolgerungen für die Schütt- und Verdichtungsmaßnahmen) beendet der Verfasser seine Ausführungen und betont hierbei, daß die Nachprüfung der Verdichtung unbedingt durch geschultes Personal erfolgen muß. Allen Fachkollegen kann dieses Buch empfohlen werden.

BACHMANN

WYMORKOW, W. M.

Die geothermischen Energiequellen der Sowjetunion und die Möglichkeiten ihrer praktischen Nutzung

„Strojirenstwi", Nr. 10, S. 754, Moskau 1960

Der Verf. berichtet über Untersuchungen, die von der Akademie der Wissenschaften auf dem Territorium der UdSSR über die geothermischen Verhältnisse angestellt worden sind. Danach strahlt die Erde allgemein, entsprechend dem Wärmestrom von innen nach außen, jährlich $0{,}2 \cdot 10^{20}$ bis $1 \cdot 10^{20}$ kcal in den interplanetaren Raum aus.

Die für eine praktische Ausnutzung günstigsten Wärmeenergieträger sind heiße unterirdische Wässer:

a) in vulkanisch aktiven und bis in die jüngste Zeit aktiv gewesenen Gebieten liegen solche „Hydrothermen" in geringer Teufe von höchstens 1000 m;

b) in vulkanisch seit langem inaktiven Gebieten findet man sie in größeren Teufen (2000—3000 m) und mit geringeren Temperaturen (100—150° C).

In der Sowjetunion wurden die größten geothermischen Phänomene dieser Art auf Kamtschatka, den Kurilen, im NE des Kaukasus und im westlichen Turkmenien festgestellt. In Kamtschatka traf man in 100—300 m Teufe heiße Wässer von über 200°C als Dampf-Flüssigkeits-Gemisch mit einem Druck von 3—4 at an. Die Errichtung eines Kraftwerkes ist geplant (Leistung 12 MW). Ferner sind Treibhäuser, Fernheizungen und Beheizung ganzer Siedlungen vorgesehen.

Im NE des Kaukasus wurden heiße Wässer bei 2500 m Teufe in solch großer Menge und unter solch hohem Druck festgestellt, daß man mehrere Städte: Armavir, Krasnodar und Maikop damit beheizen will. In der Daghestanischen Autonomen Sozialistischen Sowjetrepublik konnten heiße Wässer aufgefunden werden, die einen Druck von 16 at mit einer Stundenlieferung von 100 m^3 ergaben. In Westsibirien sind große Areale mit heißen Wässern festgestellt worden, die zu ganzen artesischen Systemen gehören.

Die wirtschaftlich günstigste Ausnutzung ist die Beheizung von Objekten und Ortschaften. Der Verbrauch in Elektrizitätswerken ist nur unter besonders günstigen Bedingungen ratsam. Die Anlage kleiner, in sich geschlossener Fernheizsysteme von lokalem Charakter, an eine oder an mehrere Quellen oder Bohrungen gebunden, erscheint vorteilhaft.

K. KAUTER

RODENDORF, W. W., E. E. BECKER-MIGDISOWA, O. M. MARTYNOWA & A. G. SCHAROW

Die paläozoischen Insekten des Kusnezker Beckens

Werke des Paläontol. Inst., Bd. LXXXV, Verl. Akad. Wiss. SSSR, Moskau 1961. — 705 S., 541 Abb., 40 Taf.; 4,02 Rbl.

Die Insektenreste im Kusnezker Becken wurden in den Gesteinen der kohleführenden Schichten erstmalig Ende der zwanziger Jahre (1929) entdeckt. Zur Zeit sind 34 Lagerstätten bekannt, in denen diese Reste vom unteren Karbon bis zum oberen Perm verbreitet sind.

Die kollektive und monumentale Monographie ist der Beschreibung aller Insekten, deren Gesamtzahl fast 5000 erreicht und von denen bis zu 429 verschiedene Arten bestimmt sind, gewidmet. Sie enthält nicht nur Beschreibungen aller Insektenfamilien und -arten, sondern auch geologische Schnitte und geographische Karten der einzelnen Lagerstätten.

Außerdem enthält der Text Tabellen und Diagramme über die Einteilung der einzelnen unteren Einheiten und Familien.

Erwähnt werden müssen auch die vorzüglichen Zeichnungen im Text und die guten Photographien auf den Tafeln.

Nach Ansicht der Verf. ist die evolutionäre Entwicklung oder, richtiger, die vollkommene Überlieferung der Phylogenie dieser Insekten von großer Bedeutung für die Stratigraphie, womit man sich in Anbetracht des umfangreichen Materials einverstanden erklären kann. G. CHRYPLOFF

Festschrift zum 70. Geburtstag von ERNST KRAUS

Abh. Deutsch. Akad. Wiss. Berlin, Kl. Bergbau, Hüttenwesen u. Montangeologie, Nr. 1, Jg. 1960, Akademie-Verlag, Berlin. — 378 S., brosch. DM 70,—

Am 10. Juli 1959 vollendete Prof. Dr. ERNST KRAUS sein 70. Lebensjahr. Aus diesem Anlaß wurde er in Würdigung seiner großen Verdienste um die Entwicklung der Geologie von der Deutschen Akademie der Wissenschaften zu Berlin zu ihrem Korrespondierenden Mitglied gewählt.

Aus dem gleichen Anlaß veröffentlichte der Akademie-Verlag die vorliegende Festschrift. In diesem umfangreichen Werk kommen 34 namhafte Geologen des In- und Auslandes zu Wort. Sie würdigen durch ihre Beiträge das Wirken und Schaffen des Jubilars, dessen Lebenswerk so ungemein befruchtend auf eine ganze Geologengeneration wirkte. Diese Tatsache findet allein schon ihren beredten Ausdruck in der Vielfalt der Herkunftsländer der Autoren: ČSSR, Österreich, Frankreich, Indien, Kanada, Italien, Kalifornien, Spanien, Westdeutschland und die DDR.

Weitaus besser aber spiegelt sich die Ausstrahlungskraft der Ideen und Lehren von ERNST KRAUS in der Fülle von Themen wider, die hier zur Behandlung stehen. Sie sind gegliedert in Stratigraphie, Paläontologie und Allgemeines und reichen von diffizilen Detailbetrachtungen bis zu weit gespannten tektonischen Konstruktionen. Im Rahmen dieser Kurzbesprechung wäre es unschicklich, einzelne Namen herauszugreifen und spezielle Themen gesondert zu behandeln.

Das Lebenswerk von ERNST KRAUS ist gekennzeichnet von der Mannigfaltigkeit der Thematik, von Kühnheit neuer Ideen und vom Mut zu wissenschaftlichen Auseinandersetzungen.

Diese Faktoren finden nun ihren beglückenden Niederschlag in der vielseitigen Resonanz auf sein Werk.

K. KAUTER

Neuerscheinungen und Literaturhinweise

TROJANSKIJ, L. W.
Geologie und Erkundung von Kohlenlagerstätten auf der Grundlage der allgemeinen Geologie und der Hydrogeologie
Gosgortechisdat, Moskau 1961. — 319 S.

IGNATSCHENKO, N. A.
Geologischer Bau und Kohlenlagerstätten des westlichen Teils des Lena-Kohlenbeckens
Verl. AN SSSR, Moskau 1960, — 111 S.

SYROWATKO, M. W.
Hydrogeologie und Ingenieurgeologie bei der Erschließung von Kohlenlagerstätten
Gosgortechisdat, Moskau 1960. — 498 S.

TSCHACHMACHTSCHEW, A. G.
Erkundung, Gewinnung und Vorräte von Erdöl im Ausland
Gostoptechisdat, Moskau 1960. — 58 S.

FEIGELSON, I. B.
Die Wässer der Erdöllagerstätten des unteren Wolgagebietes
Gosinti, Moskau 1960. — 112 S.

Autorenkollektiv
Handbuch der Erdölgeologie
Gostoptechisdat, Moskau 1960

Nachrichten und Informationen

Prof. Dipl.-Ing. KURT BÜHRIG, 65 Jahre alt

Am 5. 4. 1962 vollendete Professor Dipl.-Ing. BÜHRIG, Produktionsdirektor im VEB Schachtbau, Nordhausen, und Mitglied unseres Redaktionsbeirates, sein 65. Lebensjahr. Dieser Tag sollte Anlaß dazu sein, das Leben und Wirken dieses Bergmanns zu würdigen, der seit 1928, nach Ernennung zum Bergassessor und nach seinem Eintritt in die Dienste der damaligen Tiefbau- und Kälteindustrie A. G. Gebhardt & Koenig, Nordhausen, mit ganzer Kraft danach gestrebt hat, das Höchstmaß der Anwendung modernster Technik auf dem Spezialgebiete des Abteufens und Ausbaues von Schächten aller Bergbauzweige zu erzielen sowie eine Verbesserung der bisherigen Abteufmethoden und die Einführung neuer Verfahren, vor allen Dingen für die Bergbauzweige Steinkohle, Braunkohle, Kali und Kupfer, zu erreichen. Dieses hohe Ziel wurde Prof. BÜHRIG zur großen Lebensaufgabe, und er verfolgte den eingeschlagenen Weg mit der ihm eigenen Energie und Gründlichkeit. Ziehen wir das Fazit aus dem von ihm in dieser Richtung Erreichten und Geschaffenen, so muß heute mit Stolz und Freude festgestellt werden, daß sein Wirken im Rahmen unserer sozialistischen Gesellschaftsordnung reiche Früchte getragen hat.

Dank seiner umfassenden Kenntnisse und praktischen Erfahrungen und durch engste Zusammenarbeit mit seinem ingenieurtechnischen Personal sowie seinen Bergarbeitern schaffte Prof. BÜHRIG in den vergangenen Jahrzehnten in aller Stille die Voraussetzungen für die großen Erfolge im Schachtabteufen und im Schachtausbau, nicht nur in Deutschland, sondern auch als anerkannter Fachmann im Ausland. Zahlreiche Veröffentlichungen in den verschiedensten Bergbau-Fachzeitschriften zeugen von seiner unermüdlichen Tätigkeit.

Nach Zerschlagung des Faschismus 1945 war Prof. BÜHRIG einer der ersten, der nach Übernahme der Deutschen Schachtbau-A.G. durch das Land Thüringen seine ganze Kraft und seine Erfahrungen für den Wiederaufbau unserer Bergbauindustrie zur Verfügung stellte.

Unter seiner umsichtigen Leitung wurden, um einige Beispiele aus der Vielzahl herauszugreifen, die Produktionsschächte Doberlug, Nienstedt und Marx-Engels II, teilweise unter schwierigsten geologischen Bedingungen, niedergebracht. Bei all diesen Arbeiten wurde von Prof. BÜHRIG die Verbesserung der Organisation, der Arbeitsvorbereitung und der Planung sowie der einzelnen Arbeitsvorgänge angestrebt und zum Schwerpunkt erhoben. Seiner Initiative ist es mit zu verdanken, daß der Bezug gußeiserner Tübbinge aus Westdeutschland zum Ausbau von Schächten in wasserführendem, nicht standfestem Gebirge unterblieb. Das äußerst schwierige Gießen dieses Spezialausbaues wurde gemeinsam mit den Wissenschaftlern der Gießereitechnik in der DDR gemeistert, so daß die DDR auf diesem Gebiete störfrei wurde.

In Anerkennung seiner hervorragenden Verdienste und seines unermüdlichen Einsatzes zum Wohle unserer Bergbauindustrie wurden ihm folgende ehrenvolle Auszeichnungen verliehen: 1949, 1952, 1953 u. 1956: Aktivist des 1. und 2. Fünfjahrplanes; 1953: Verdienter Bergmann der DDR; 1958: Ehrennadel des Betriebes in Gold; 1959: Verdienstmedaille der DDR; 1961: Nationalpreis III. Klasse (Kollektivauszeichnung).

Aber nicht nur als Mann der Praxis, sondern auch als Professor für das Fachgebiet Schachtabteufen an der Bergakademie Freiberg hat sich Prof. BÜHRIG allseitige Achtung seitens seiner Studenten verschafft. Unerschöpfliches Wissen und vielseitige Erfahrungen werden seinen Hörern hier als Grundstock ihrer späteren Tätigkeit im Bergbau gegeben.

Wir kennen Prof. BÜHRIG aus der früheren langjährigen Zugehörigkeit des VEB Schachtbau zur Staatlichen Geologischen Kommission als einen Menschen, der, selbst ein Vorbild unbedingter Pflichterfüllung, an jeden höchste Anforderungen stellt. Er ist aber auch allzeit Freund, Berater, Mahner und Helfer in der Not, ohne Unterschied, wer ihm gegenübersteht.

Wir hoffen und wünschen, daß Prof. BÜHRIG sich noch recht lange seine Schaffenskraft zum Wohle unseres Bergbaus bewahren möge.

Wir gratulieren ihm mit den besten Wünschen für sein weiteres Wohlergehen mit einem herzlichen Glück auf!

TREPPSCHUH

Erdöl/Erdgas

Erdgasreserven

Unter Berücksichtigung der Explorationsergebnisse des Jahres 1961 werden die sicheren, wahrscheinlichen und auf Grund geologischer Erkenntnisse vermuteten Erdgasvorräte der Sowjetunion in der Zeitschrift „Geologija nefti i gasa" auf $60 \cdot 10^{12}$ m³ geschätzt. Die gebietsmäßige Verteilung ist aus folgender Zusammenstellung ersichtlich:

Gebiet	Mrd. m³	%
1. Russische Föderation		
a) Komi-Gebiet	2000	3,3
b) Ural—Wolga-Gebiet (Provinzen Perm, Orenburg, Kuibyschew, Saratow, Wolgograd, Astrachan u. Baschkirien)	12000	20,0
c) Nordkaukasus (Provinzen Rostow, Krasnodar und Stawropol, Dagestan, Kalmykow und Tschetschen-Ingusch)	7000	11,7
d) Westsibirien	5000	8,3
e) Ostsibirien	6000	10,1
f) Sonst. Gebiete d. Russ. Föderation	500	0,8
	32500	54,2
2. Ukraine	5100	8,5
3. Kasachstan	5000	8,3
4. Aserbaidshan	3000	5,0
5. Georgien und Armenien	900	1.5
6. Usbekistan	5000	8,3
7. Turkmenistan	7000	11,7
8. Kirgisien und Tadshikistan	1000	1,7
9. Sonstige Gebiete	500	0,8
Alle Gebiete	60000	100,0

—K—

Erdgasförderung Westeuropas 1960

In Westeuropa sind im Jahre 1960 insgesamt 11629 Mill. m³ Erdgas gefördert worden, d. h. 1,3 Mrd. m³ mehr als 1959. Sie verteilen sich wie folgt:

Italien	6450 Mill. m³
Frankreich	2984 Mill. m³
Österreich	1469 Mill. m³
Westdeutschland	443 Mill. m³
Niederlande	282 Mill. m³
Großbritannien	1 Mill. m³

Ha.

Plön-Ost, tiefstes produktives Ölfeld Westdeutschlands

In der Jahresstatistik für 1961 weist Plön-Ost wiederum den prozentual stärksten Produktionsanstieg der westdeutschen Erdölproduktion auf. Die Förderung basiert in der Hauptsache auf der Ausbeute des Dogger-Beta-Hauptsandsteins. Er liegt hier in einer Teufe zwischen 2400 bis 3040 m. Damit ist dieses Feld das tiefste Produktionsfeld Westdeutschlands.

Eine erste Produktionsetappe hielt sich an die Ausbißlinie dieses Horizontes. Die spätere Erkundung wies nach, daß der eigentliche „Grabenbereich" breiter war, als ursprünglich angenommen wurde. Nach unserer Kenntnis von den neuesten, grabenwärts niedergebrachten Bohrungen ist bisher keine klar erkennbare Randwasserlinie festgestellt worden. Bis Ende des Jahres 1961 dürften dort insgesamt etwa 130000 m abgebohrt worden sein.

Die Bohrlochkonstruktion sieht im Durchschnitt etwa folgendermaßen aus:

$13^3/_8''$	— Standrohr
$9^5/_8''$	— bis ca. 750 m
$7''$ bzw. $5^1/_2''$	— als Produktionstour bis Endteufe

Das „gerichtete Bohren" wird in großem Umfange systematisch angewandt und führte seit 1958 zur Einsparung von Bohrkosten von ca. 25%. —K—

Westdeutsche Basisbohrung „Münsterland 1"

Basisbohrungen sind in den Ländern des Sozialismus ein Erfordernis gewissenhafter geologischer Erkundung, ein Ausdruck der das ganze Land umfassenden Erforschung. Prinzipielle Fragen der Geologie stehen dabei zur Diskussion. Solche Basisbohrungen kennzeichnen ein bestimmtes Stadium der Erkundung, dem sich speziellere zum Aufsuchen bestimmter Rohstoffe anschließen.

Nunmehr wird auch in Westdeutschland unter dem Namen „Münsterland 1", 200 km westlich der Stadt Münster, eine Bohrung ähnlichen Charakters niedergebracht. Aber schon in der Ausgangsposition sind zwei wesentliche Unterschiede zu unseren Basisbohrungen festzustellen. Einmal steht nicht der Staat als Ausdruck der Gemeinsamkeit aller Bürger hinter dem Unternehmen. Die Bohrung „Münsterland 1" wird abgeteuft von der „Deutschen (ehemals: Großdeutschen) Schachtbau- und Tiefbohr-AG" im Auftrag von acht westdeutschen Erdöl-Monopolgesellschaften und des Landes Nordrhein-Westfalen. Zum zweiten hat diese Tiefbohrung nicht die Aufgabe, Fragen der Stratigraphie, Tektonik, Paläogeographie etc. zu klären, sondern direkt das Vorhandensein von Rohstoffen nachzuweisen.

Thematisch geht es bei dieser auf 5000 m angesetzten Bohrung um die Erkundung von Erdöl- und Erdgasvorkommen in Schichten, die unter dem Zechstein liegen, und um den Nachweis des Vorhandenseins von Steinkohle in diesem Gebiet ausklingender varistischer Faltung. Das geologische Ziel ist das Durchörtern des Kulms und des Devons an dieser Stelle. Die Konzeption wurde ausgearbeitet in Anlehnung an die großen Erfolge der Sowjetunion, die in diesen paläozoischen Schichten bedeutende Erdöllagerstätten angetroffen hat.

Diese Bohrung hatte in der Art ihrer Anlage einige Vorläuferinnen in den tiefen Bohrungen (Ostfriesland, Münsterland und Georgsdorf), die speziell auf Strukturen des Karbons und des Rotliegenden angesetzt waren, aber ohne nennenswertes Ergebnis blieben. Mit der „Münsterland 1" soll nun ein Generalangriff auf die tiefliegenden Schichten gestartet werden. Ob dabei der erst kürzlich aufgestellte westdeutsche Tiefenrekord mit 5132 m gebrochen werden wird, steht noch dahin. Es handelte sich dabei um die Bohrung Kallmoor 21 zwischen Rotenburg und Tostedt in der Lüneburger Heide, die im Rahmen eines Zechsteinprojektes abgeteuft wurde. —K—

Erdöl in Nigeria

Der junge afrikanische Staat Nigeria entwickelt sich zu einem beachtenswerten Erdölproduzenten auf dem schwarzen Kontinent. Die Produktion 1960 belief sich auf 878000 t. Im ersten Halbjahr 1961 erreichte sie bereits 700000 t. Die Monatsförderung im August 1961 stieg sogar auf 300000 t. Die Jahresproduktion wird in diesem Jahr die 5-Mill.-t-Grenze überschreiten.

Die Ausbeute der Vorkommen von Nigeria liegt in den Händen der „Shell-BP Petroleum Development Co. of Nigeria", einer Gesellschaft im Besitz der Monopolkonzerne „Shell" und „British Petrol".

Zu Ende des vergangenen Jahres trafen die ersten Exportlieferungen aus Nigeria in Hamburg ein, wo sie in der Shell-Raffinerie verarbeitet wurden. Es handelte sich um 31500 t Rohöl. —K—

Erdöl und Erdgas in Peru

Ende Juli 1961 wurde bekannt, daß die Bohrung „Aguaytia 1", 440 km NNE von Lima, ein Gasvorkommen erschlossen habe. Dieser Tage nun wurde in New York veröffentlicht, daß es sich dabei um Gasreserven zwischen 1 und 2 Trillionen Kubikfuß handle. Das Vorkommen sei also der Gruppe der allerbedeutendsten Gasreserven zuzurechnen.

Zuerst müssen weitere Bohrungen vorgenommen werden, um die vorhandenen Gasmengen genauer festzustellen und zu ermitteln, ob nur mit Gas und Kondensaten oder auch mit Öl zu rechnen ist. Dann aber kommen die recht schwierigen

Probleme der Verwertung von täglich 10000000 cft Erdgas im Ucayali-Gebiet (Ostzentralperu). Eine Pipeline nach Lima, dem einzigen wirklich dicht bevölkerten Gebiet des Landes, mit einer Länge von 440 km (Luftlinie) wäre keine Unmöglichkeit. Auch würden das Bergwerksgebiet von Cerro de Pasco und die Hochöfen von La Oroya berührt, die evtl. ebenfalls als Gasverbraucher in Frage kommen. Doch wäre die Cordillera de los Andes in einer Höhe von 4700 Meter zu überqueren, was auch heute noch eine ungewöhnliche Ingenieursaufgabe darstellt.

Die Bohrung „Aguaytia 1" gehört einer Kapitalgruppe, an der u. a. auch drei westdeutsche Erdölgesellschaften beteiligt sind. Z. F. R.

Erdölbohrungen in 60 m Meerestiefe

Im Betrieb „Oktoberrevolution" in Baku werden gegenwärtig Stahlkonstruktionen hergestellt, die für Bohrtürme bestimmt sind, mit denen Erdölbohrungen auf dem Meeresgrund in 60 m Tiefe möglich sind. Die bisherige Maximaltiefe für solche Anlagen betrug 27 m. Das Fundament für die neuen Bohrtürme hat eine Grundfläche von 1850 m². He.

Erze

Die Weltstahlerzeugung im Jahre 1961

Nach den bisher vorliegenden Informationen weist die Rohstahlerzeugung der Welt im Jahre 1961 gegenüber 1960 eine Steigerung um 4,5% auf 362 Mill. t auf. Die Sowjetunion und die Länder der Volksdemokratien haben ihre stetige Aufwärtsentwicklung auch 1961 fortgesetzt. Mehr oder weniger bedeutende Fortschritte in der Stahlerzeugung weisen auch die Länder Afrikas und des Nahen und Fernen Ostens, Australiens und Lateinamerikas auf. Die USA dagegen sind mit —1,4% unter ihrem Stand von 1960 geblieben (siehe Tabelle).

Rohstahlerzeugung der wichtigsten Länder der Erde (in Mill. t)

Land	1961	in % der Welt-produktion	1960	in % der Welt-produktion	Veränderung in % 1961 gegen 1960
Sowjetunion	71,2	19,70	65,3	18,88	+ 9,0
Europ. Länder der Volksdemokratien	22,9	6,33	21,2	6,13	+ 8,0
VR China	21,0	5,81	16,5	5,35	+13,5
USA	88,5	24,45	90,1	26,06	− 1,4
Kanada	5,8	1,60	5,3	1,53	+ 9,4
Japan	27,6	7,63	22,1	6,39	+24,9
Westdeutschland	35,5	9,29	34,1	9,86	− 1,5
Großbritannien	22,4	6,24	24,7	7,14	− 9,3
Frankreich	17,6	4,84	17,3	5,00	+ 1,7
Italien	9,1	2,53	8,2	2,37	+11,0
Belgien	6,9	1,94	7,1	2,08	− 2,7
Luxemburg	4,1	1,13	4,1	1,19	−
Niederlande	2,0	0,55	1,9	0,55	+ 5,3
Schweden	3,4	0,94	3,2	0,93	+ 6,2
Österreich	3,2	0,89	3,2	0,93	−
Afrika, insges.	2,3	0,64	2,2	0,64	+ 4,5
Südamerika, insges.	5,1	1,41	4,1	1,19	+24,4

He.

Steigende Stahlproduktion in der VR Polen

Die Hüttenwerke der VR Polen werden im Planjahr 1962 7,7 Mill. t Stahl liefern, das ist eine halbe Million Tonnen mehr als 1961 und das 5,5fache der Vorkriegsproduktion. Die Produktionspläne der gesamten polnischen Schwerindustrie sehen für 1962 einen Zuwachs von 11% gegenüber 1961 vor.

Im Jahre 1961 stieg die polnische Industrieproduktion gegenüber dem Vorjahr um ca. 10,5%. Die Erzeugung von elektrischem Strom stieg 1961 auf 32,4 Mrd. kWh, von Zement auf 7,4 Mill. t. He.

Indiens Stahlproduktion

Indien betreibt mit großem Einsatz den Aufbau seiner Stahlproduktion. Wie der Minister für Stahl (nach Iron & Coal, 1. 12. 1961) mitteilt, hat die Eisen- und Stahlindustrie im dritten Fünfjahrplan Indiens wieder den Ehrenplatz erhalten. Von den Gesamtinvestitionen für die Industrie im Betrage von 13 Mrd. Rupien wurden 5 Mrd. für die Stahlindustrie eingesetzt. Mit dem Bau eines Werkes in Durgapur, das Spezialstähle herstellen wird, soll demnächst begonnen werden, und für den Ausbau der drei vorhandenen Stahlwerke in Bhilai, Rourkela und Durgapur liegen fertig ausgearbeitete Pläne vor. Das Ziel ist eine Produktion von 9,2 Mill. t Barren und 1,5 Mill. t Roheisen jährlich, wozu noch 200000 t Spezialstähle kommen. Der hohe Kapitalbedarf sowie Schwierigkeiten bei der Beschaffung der Kohlen von der erforderlichen Qualität verteuern allerdings die Produktion, die bei geringem Umfang einst die billigste der Welt war. Exportpläne werden wegen der gegenwärtigen Depression der Weltmarktpreise zurückgestellt. Die Regierung erwägt auch den Bau von Stahlwerken in Südindien, da es möglich ist, Eisenerz mit Lignitbriketts zu schmelzen, was besonders für den Staat Madras günstige Bedingungen schafft. Ha.

Kupfer in Jordanien

Im Wadi El Araba in Jordanien, dem ausgedörrten ehemaligen Flußtal zwischen dem Toten Meer und dem Golf von Akaba, an dessen Westrand die Grenze Israels verläuft, fanden westdeutsche Geologen kupferführendes Gestein, das in einem Gebiet von mehreren km Durchmesser an vielen Stellen in wechselnder Mächtigkeit zutage tritt und 1,2 bis 1,3% reines Erz enthalten soll. Die Annahme, daß sich das Kupfervorkommen, das auf der israelischen Seite des Wadi El Araba bereits seit 1956 abgebaut wird, nach Osten fortsetzen müsse, erwies sich damit als richtig. Die Gesteine sollen erzhaltiger sein als die von den Israelis abgebauten. Ha.

Neues Kupferzentrum im Norden Chiles

Chiles neues Kupfervorkommen Mantos Blancos liegt 45 km nordöstlich von Antofagasta in 1000 m Höhe über NN. Das Ost—West streichende Vorkommen erstreckt sich bei einer Breite von 0,5 km über 4 km. Als sicher vorhanden werden gegenwärtig 10,5 Mill. t Erz mit 1,9% Cu angegeben, die geschätzten Vorräte betragen 25 Mill. t. Mehr als die Hälfte des Erzes ist Atakamit, ein Oxychlorid, der Rest fast ausschließlich Chrysokoll. Dacit ist das hauptsächliche Begleitgestein des Erzes. Bei 85%igem Gesamtausbringen sollen jährlich 15000 t Kupfer erzeugt werden. —D—

Sonstiges

Der Steinkohlenbergbau in den USA

Die Steinkohlenvorräte der USA, die mit 1700 Mrd. t 45% der nachgewiesenen Weltvorräte ausmachen, wovon 50% mit den heutigen technischen Mitteln gewinnbar sind, reichen für 2000 Jahre, die Westeuropas dagegen nur für 500 Jahre. Die, abgesehen von der nur in Pennsylvanien vorhandenen Anthrazitkohle, weiträumig verteilten Vorkommen sind meist flach gelagert. Tektonische Störungen sind selten. Die Flöze haben eine mittlere Mächtigkeit von 1,70 m gegenüber 1,40 m im Ruhrgebiet. Großschachtanlagen liefern bei einer mittleren Tagesförderung von 4600 t rd. 50% der Gesamtförderung. Das übrige wird von rd. 5000 Mittel- und Kleinbetrieben gefördert, die infolge des relativ geringen Kapitalbedarfs für die Anlage entstanden sind. Die Anthrazitförderung geht wegen der zunehmenden Verwendung von Erdöl und Erdgas im Hausbrand dauernd zurück und macht nur noch 5% der gesamten Steinkohlenförderung aus. 50% derselben werden heute zur Stromerzeugung verwendet, während die Eisenbahnen seit der Einführung der Diesellokomotiven keine Großabnehmer mehr sind. Die Stromerzeugung aus Kernspaltung wird einstweilen nicht als ernstlicher Konkurrent der Kohle angesehen, da sie zu teuer ist. Die amerikanische Kohle ist dagegen ein solcher für die europäische, da sie in Europa trotz der Frachtkosten zu geringeren Preisen lieferbar ist als die von europäischen Schachtanlagen geförderte. Ha.

Sowjetunion — größter Kokserzeuger der Welt

Die Kokserzeugung der Sowjetunion zeigte in den letzten Jahren folgende Entwicklung:

1961	58,6 Mill. t
1960	56,2 Mill. t
1959	53,4 Mill. t
1958	50,9 Mill. t
1957	48,6 Mill. t
1956	46,6 Mill. t

Damit ist die Sowjetunion der größte Kokserzeuger der Welt.

Von 1956 bis Ende 1960 wurden in der Sowjetunion 28 Batterien mit 1750 Koksöfen neu in Betrieb genommen, darunter eine Batterie mit einer Jahresleistung von 715000 t.

Bis 1975 soll die Kokserzeugung weiter stark gesteigert werden, vor allem durch den Bau von noch größeren Koksofenbatterien, deren Kammern ein Fassungsvermögen von 35,5 m² und eine Jahresleistung von 860000 t je Ofen besitzen. Eine solche Riesenkoksofenbatterie soll aus 77 Koksöfen bestehen. He.

Phosphate im Norden Perus

Auf Grund der jetzt veröffentlichten Zahlen scheint es sich bei dem Vorkommen im „Desierto de Sechura" um die größte zusammenhängende Phosphat-Lagerstätte zu handeln, die je bekannt geworden ist. Sichtbare und wahrscheinliche Vorräte werden mit 38 Mrd. Tonnen angegeben mit einem P_2O_5-Gehalt zwischen 5 und 15%. Mindestens 600 Mill. Tonnen weisen einen Gehalt von 31% auf.

Die untersuchten Bänke zeigen Mächtigkeiten bis zu 36 Metern und sind lediglich von losem Sand überlagert. Die Sanddecke ist nirgends stärker als 12 Meter. Das Verhältnis des Abraums zu dem zu gewinnenden Posphat sei im Durchschnitt geringer als 1:5, wobei zu bedenken ist, daß die Sanddecke bedeutende Mengen von Kalisalz, Magnesium, Soda und Brom enthält.

Das riesige Vorkommen liegt in seiner ganzen Ausdehnung nahe der Küste des Pazifischen Ozeans mit einem ausgezeichneten natürlichen Hafen in der Bucht von Bayovar.

Über die Entdeckung der Lagerstätte sind folgende Einzelheiten bekannt. Während der Jahre 1951—1956 führten zahlreiche in- und ausländische Firmen umfangreiche Sucharbeiten auf Erdöl im „Desierto de Sechura" durch, einer ausgedehnten Sandwüste in den Departamentos Piura und Lambayeque. Die Fortsetzung der nördlichen Ölvorkommen, El Alto, Lobitos und La Brea, wurde nicht gefunden, aber einer der dort arbeitenden Geologen beobachtete eine Übereinstimmung der dort anstehenden Schichten mit denen der Diatomit-Lager der Weststaaten in den USA. Z. F. R.

Gewinnung von Rohstoffen aus Kali-Endlaugen

Wissenschaftler der Kaliindustrie der DDR haben in Zusammenarbeit mit dem Institut für Verfahrenstechnik der TU Dresden ein Verfahren entwickelt, wonach aus den Endlaugen bei der Kaliproduktion Magnesiumoxyd und konzentrierte Salzsäure gewonnen werden können. Diese Bestandteile fallen bei der Verarbeitung von carnallitischen Rohsalzen in großen Mengen an. Die Endlaugen der Kaliindustrie, die bisher in die Flüsse abgelassen wurden und diese stark verunreinigten, können somit in Zukunft für die Industrie verwertet werden. He.

Edelsteinvorkommen in Finnland

Ein bedeutendes Edelsteinvorkommen, das größtenteils Saphire und Rubine aufweist, wurde im Inari-Gebiet (Finnisch-Lappland) entdeckt. Kleinere Edelsteinvorkommen aus dieser Gegend sind bereits früher aufgefunden worden. Die einheimischen Edelsteine werden seit etwa 10 Jahren von der finnischen Schmuckindustrie abgenommen und verarbeitet. He.

Kurznachrichten

Die **französische Uranproduktion** betrug im Jahre 1960 1068 t. Ab 1962 soll sie auf 1600 jato gebracht werden.

Sowjetische Hütten von Magnitogorsk übertreffen mit 6,6 Mill. t Stahl jährlich die größten Werke Westeuropas: United Steel (England): 3,3 Mill. t, „Arbed" (Luxemburg), „Phönix-Rheinrohr" und „August Thyssen" je 3 Mill. t. Die **Sowjetunion** hat ihre **Stahlproduktion** in den letzten 12 Jahren von 16 auf 26% der Weltproduktion erhöht.

Die **Eisenerzreserven** der **USA** werden auf etwa 75 Mrd. t Roherz geschätzt. 10 Mrd. t davon können unter den gegenwärtigen Verhältnissen abgebaut werden. Die verbleibenden 65 Mrd. t figurieren als „potentielles" Erz, das unter „günstigeren Verhältnissen" verfügbar sein wird.

Im Norden von **Gabun** wurde ein neues **Eisenerzvorkommen** entdeckt. Der Fe-Gehalt des Erzes ist ziemlich hoch und erreicht stellenweise fast 60%.

Die **Wolframgewinnung** in **Kanada** aus dem Vorkommen 220 km nördlich des Matson Lake ist so weit entwickelt worden, daß ab Ende 1962 täglich 300 t Erz mit 2,5% Wolfram zu Konzentraten mit 60 bis 70% WO_3 verarbeitet werden können. Das Vorkommen wird auf 1,18 Mill. t im Tagebau gewinnbares Erz geschätzt.

Für die über etwa 42 km² verteilte reiche **Erzlagerstätte** von Selukwe in **Südrhodesien** werden Absatzländer für Eisenchromit, Asbest, Kohle u. a. Mineralien gesucht. Im Gwasiland werden große Lagerstätten von Kupfer-Nickel-Kobalt-Erzen und Eisenerzen aufgeschlossen.

Die **Nickelproduktion Finnlands** erreichte 1960 rd. 320000 t und stieg 1961 auf rd. 350000 t. 90% davon wurden exportiert.

Fünf große japanische Nickelschmelzwerke haben mit Indonesien ein Abkommen über die Ausbeutung der **Nickelerzlagerstätten** bei Sulawesi auf **Celebes** abgeschlossen. Nach Schätzungen japanischer Geologen sollen in diesem Gebiet ca. 20 Mill. t Nickel zu gewinnen sein.

Ein neues **Kupfererzvorkommen** wurde in **Kanada**, etwa 110 km östlich der James Bay und 410 km nördlich von Mattagami Lake Mines im NW von Quebec, entdeckt. Die bisher entnommenen Proben wiesen einen Cu-Gehalt von 4,3 bis 23,8% neben einem Silbergehalt von 0,36 bis 5,22 Unzen nach.

Die **jugoslawischen Blei-** und **Zinkerzvorkommen** im Gebirge Osogovska Planina an der jugoslawisch-bulgarischen Grenze, werden den Erwartungen nach jährlich 220000 t, später 300000 t Erze liefern. Diese enthalten Beimengungen von Magnetit, Hämatit, Kupferkies, Quarz und Karbonaten.

Ein **Bauxitvorkommen** auf der Konakry **(Guinea)** vorgelagerten Insel Kassa, das von der Gesellschaft „Bauxites du Midi" abgebaut wird, lieferte 1960 rd. 500000 t Bauxit, die hauptsächlich nach Kanada und Westdeutschland exportiert wurden.

Die **Aluminiumgewinnung Frankreichs** erreichte in den ersten neun Monaten des Jahres 1961 204500 t gegenüber nur 169450 t in der gleichen Zeit des Vorjahres. Diese Produktionssteigerung ist auf die Inbetriebnahme der neuen, auf der Grundlage des Lacq-Erdgases errichteten Hütten zurückzuführen.

Umfangreiche **Steinkohlenlager** sind in der **VAR** im Wüstengebiet östlich des Nils von sowjetischen Geologen entdeckt worden. Sie werden die VAR von künftigen Kohlenimporten weitgehend entlasten.

Aus den Restgasen bei der Erzeugung von Ammoniak in Pet (**VR Ungarn**) wird **Argon** gewonnen. Das Argon fällt in einem Gemisch mit Methan an. Es sollen jährlich über 160000 m³ Argon in einer Reinheit von 99,9% produziert werden. Dies dürfte den Inlandsverbrauch der ungarischen Wirtschaft übersteigen.

In den nächsten Heften

der

Zeitschrift für angewandte Geologie

erscheinen u. a. folgende Beiträge

- M. MALKOWSKÝ: Die heutigen Ansichten über die Stratigraphie des Tertiärs der nordböhmischen Braunkohlenbecken
- M. JASKOWIAK: Der geologische Bau des mesozoischen Deckgebirges in Nordwestpolen
- S. LORENZ: Wassereinbrüche im Mansfelder Kupferschieferbergbau
- I. ORMANDY: Hydrogeologische Probleme im Steinkohlenrevier von Ostrava—Karviná
- E. P. MÜLLER & W. FREUND: Die Gaschromatographie bei der Erdgas- und Erdölprospektion und Förderung
- H. D. PFLUG: Feinstratigraphie und Reaktionsanalyse im Kulm und Devon des Enkenberges (Blatt Madfeld, Ostsauerland)
- K. P. UNGER & H. SCHRAMM: Über fossile „prätertiäre" Verwitterungserscheinungen auf der Muschelkalkoberfläche nordöstlich von Jena
- J. POMPER: Erkundung und Bemusterung von Rohstoffen für Portlandzement
- M. DLABAČ: Erdölakkumulation im Wiener Becken
- H. ROSENBERGER: Verfahren zur Aufbereitung der Bohrproben von Lockergesteinen

Beihefte zur Zeitschrift GEOLOGIE

Heft 30: THOMAS KAEMMEL
Geologie, Petrographie und Geochemie der Zinnlagerstätte „Tannenberg" (Vogtland)
1961. 105 Seiten — 58 Abbildungen — 20 Tabellen — 17 × 24 cm — DM 12,50

Heft 31: HORST BRUNNER
Eisrandlagen und Vereisungsgrenzen im Hohen Fläming
1961. 74 Seiten — 10 Abbildungen — 1 Tabelle — 17 × 24 cm — DM 6,—

Heft 32: AUTORENKOLLEKTIV
Sporenpaläontologische Beiträge
1961. 127 Seiten einschließlich 17 Bildtafeln — 25 Abbildungen — 1 Tabelle — 17 × 24 cm — DM 16,—

Heft 33: MANFRED BARTHEL
Epidermisuntersuchungen an einigen inkohlten Pteridospermenblättern des Oberkarbons und Perms
1962. 140 Seiten einschließlich 41 Bildtafeln — 70 Abbildungen — 1 Tabelle — 17×24 cm — DM 28,50

Heft 34: MANFRED REICHSTEIN
Die Stratigraphie der Hercynkalke bei Güntersberge im Unterharz und das Problem der Hercynkalkentstehung
1962. 73 Seiten einschließlich 1 Bildtafel — 31 Abbildungen — 4 Tabellen — 17 × 24 cm — DM 12,—

In Vorbereitung befinden sich folgende Beihefte:

GERMAN MÜLLER
Zur Geochemie des Strontiums in ozeanen Evaporiten unter besonderer Berücksichtigung der sedimentären Coelestinlagerstätte von Hemmelte-West

WERNER SCHULZ
Das Pleistozän zwischen Weißer Elster, Saale und Wethau und seine Stellung im Pleistozän Mitteldeutschlands

ROLF SEIM
Petrologische Untersuchungen an kontaktmetasomatischen Gesteinen vom Ostrand des Brockenmassivs (Harz)

Bestellungen einzelner Hefte oder zur Fortsetzung durch eine Buchhandlung erbeten

AKADEMIE-VERLAG · BERLIN

Herausgeber: Staatliche Geologische Kommission und Zentrale Vorratskommission für mineralische Rohstoffe der Deutschen Demokratischen Republik. Für die kollektive Chefredaktion: Dr. K. KAUTER (Redaktionssekretär), Berlin. Redaktion: Berlin N 4, Invalidenstraße 44. Verlag: Akademie-Verlag GmbH, Berlin W 8, Leipziger Straße 3—4 (Fernsprecher 220441, Telex 011773, Postscheckkonto: Berlin 35021). Bestellnummer des Heftes 1047/8/5. Die „Zeitschrift für angewandte Geologie" erscheint monatlich. Bezugspreis 2,— DM je Heft. — Satz und Druck: Druckhaus „Maxim Gorki", Altenburg. Veröffentlicht unter der Lizenznummer ZLN 5008 des Ministeriums für Kultur. Karten: MdI der DDR, Nr. 7302, 7391, 7464.

Kolibri 360 GmbH
Ferdinand-Jühlke-Straße 7
99095 Erfurt, Deutschland
produktsicherheit@kolibri360.de